HISTOIRE DES PLANTES

MONOGRAPHIE

DES

CONNARACÉES

ET DES

LÉGUMINEUSES-MIMOSÉES

PARIS. — IMPRIMERIE DE E. MARTINET, RUE MIGNON, 2.

HISTOIRE DES PLANTES

MONOGRAPHIE

DES

CONNARACÉES

ET DES

LÉGUMINEUSES-MIMOSÉES

PAR

H. BAILLON

PROFESSEUR D'HISTOIRE NATURELLE MÉDICALE A LA FACULTÉ DE MÉDECINE DE PARIS
DIRECTEUR DU JARDIN BOTANIQUE DE LA FACULTÉ, PRÉSIDENT DE LA SOCIÉTÉ LINNÉENNE DE PARIS

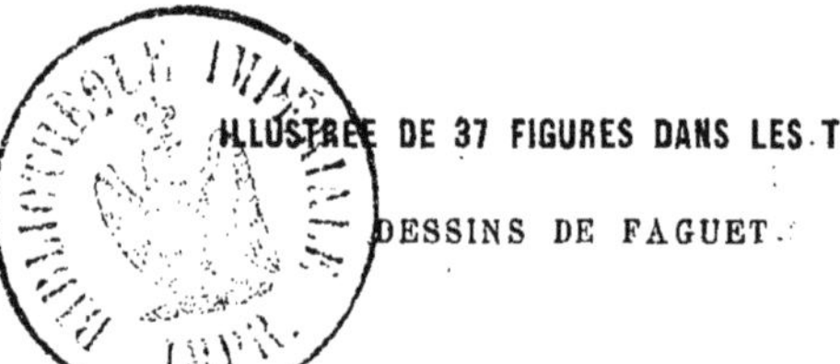

ILLUSTRÉE DE 37 FIGURES DANS LES TEXTES

DESSINS DE FAGUET

PARIS
LIBRAIRIE DE L. HACHETTE ET Cie
BOULEVARD SAINT-GERMAIN, N° 77
LONDRES, 18, KING WILLIAM STREET, STRAND. — LEIPZIG, 3, KÖNIGSSTRASSE

1869

VII

CONNARACÉES

I. SÉRIE DES CONNARUS.

Les *Connarus*[1] (fig. 1-8) ont les fleurs régulières et hermaphrodites. Leur réceptacle est convexe, ou légèrement concave au sommet,

Connarus (Omphalobium) Patrisii.

Fig. 1. Port.

1. L., *Gen.*, n. 830. — ADANS., *Fam. des pl.*, II, 343. — J., *Gen.*, 369, 452, 453. — LAMK, *Dict.*, II, 94 ; Suppl., II, 343 ; *Ill.*, t. 572. — K., in *Ann. sc. nat.*, sér. 1, II, 359. — R. BR.,

et supporte successivement un calice de cinq sépales[1], imbriqués en quinconce dans le bouton, une corolle de cinq pétales [2], alternes avec les sépales, également libres et imbriqués dans la préfloraison. L'androcée se compose de deux verticilles d'étamines, unies entre

Connarus (Omphalobium) Patrisii.

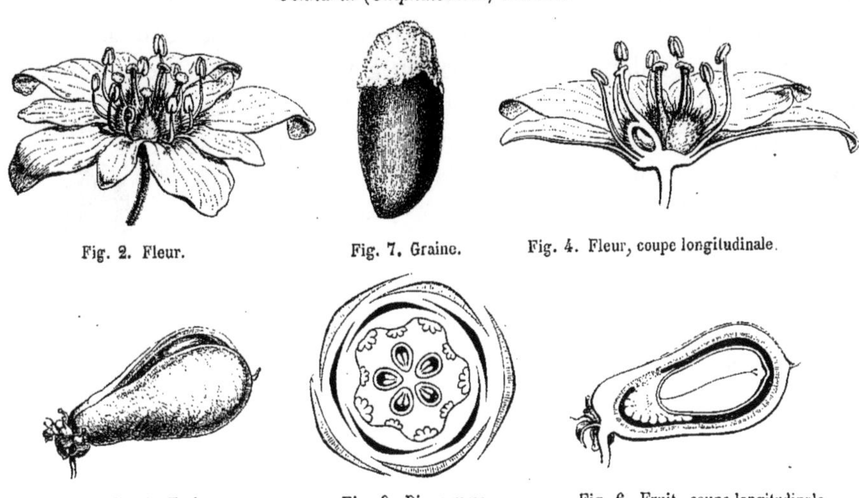

Fig. 2. Fleur. Fig. 7. Graine. Fig. 4. Fleur, coupe longitudinale.

Fig. 5. Fruit. Fig. 3. Diagramme. Fig. 6. Fruit, coupe longitudinale.

elles par la base de leurs filets, qui sont ensuite libres dans la plus grande partie de leur étendue, et supportent chacun une anthère biloculaire, introrse, déhiscente par deux fentes longitudinales. Les cinq étamines qui sont superposées aux pétales ont ordinairement un filet plus court et une anthère plus petite que les cinq étamines alternipétales. Leur anthère peut même devenir stérile. Il n'y a point de disque proprement dit[3]. Le gynécée se compose de cinq carpelles

Congo, 433; *Misc. Works*, éd. BENN., I, 113. — DC., *Mém. sur les* Connarus *et* Omphalobium, *ou sur les Connaracées sarcolobées* (in *Mém. Soc. Hist. nat. de Par.*, II, 383, t. 16, 17; *Prodr.*, II, 84. — ENDL., *Gen.*, n. 5948. — B. H., *Gen.*, 432, 1001, n. 5. — H. BN, in *Ann. de la Soc. Linn. de Maine-et-Loire*, IX, 57; *Adansonia*, VII, 233. — *Tapomana* ADANS., *loc. cit.* — *Omphalobium* GÆRTN., *Fruct.*, I, 217, t. 46. — DC., *loc. cit.*, 386. — ENDL., *Gen.*, n. 5949. — *Santaloides* L., *Fl. zeyl.*, n. 408? — *Malbrancia* NECK., *Elem.*, 1171. — *Erythrostigma* HASSK., in *Bot. Zeit.*, XXV, Beibl., II, 45; *Cat. hort. bogor.*, 246. — *Anisostemon* TURCZ., in *Bull. Mosc.* (1847), II, 152.

1. Ils ont une forme allongée, s'épaississent ordinairement à la base où ils deviennent souvent un peu charnus, et présentent fréquemment une côte dorsale un peu saillante.

2. Ils ont une forme étroite et allongée, se rétrécissent vers leur base, et s'amincissent sur les bords, par lesquels ils se collent assez souvent les uns aux autres, au niveau des points de contact. Ils sont toujours plus longs que le calice, qu'ils dépassent ordinairement de beaucoup. Presque toujours ils sont parsemés de taches irrégulières et noirâtres, ou d'un pourpre foncé. Quelquefois ce sont des macules fort inégales, et le limbe est comme chiné. Dans plusieurs espèces de nos herbiers, les collecteurs ont noté que la corolle est très-odorante, et que son parfum attire les insectes en grand nombre.

3. On a sans doute décrit comme tel le renflement circulaire que présente la base de l'androcée, et qui est si prononcé dans certaines espèces africaines, notamment dans notre *C. Duparquetianus* (voy. *Adansonia*, loc. cit., 236, note 1).

oppositipétales[1], libres, dont le développement est inégal, et dont un ou plusieurs peuvent avorter à un âge variable de la fleur[2]. Chaque carpelle se compose d'un ovaire uniloculaire, atténué supérieurement en un style de longueur variable, dont le sommet se dilate en une tête stigmatifère[3]. Dans l'angle interne de la loge ovarienne, et plus ou moins près de sa base, se voit un placenta qui supporte deux ovules collatéraux, ascendants, orthotropes ou à peu près[4], de façon que leur micropyle est tout à fait supérieur. Le fruit, accompagné ou non des restes du calice[5] non accru, ne se compose que d'un follicule fertile (fig. 5, 8), stipité, à péricarpe plus ou moins allongé[6], sec et coriace, déhiscent dans une étendue variable, à partir de son bord ventral. Il renferme une seule graine dressée, orthotrope ou à peu près[7], accompagnée à sa base d'un arille ombilical, de forme et de taille variables, charnu et lobé (fig. 6, 7). Sous les téguments séminaux se trouve un gros embryon charnu, sans albumen, avec la radicule supère et des cotylédons épais, plans-convexes. Les *Connarus* sont des arbres et des arbustes des pays chauds. On en connaît une cinquantaine d'espèces, qui habitent l'Amérique[8], l'Afrique[9] et l'Asie[10] tropicales, ou exceptionnellement l'Océanie[11]. Leurs branches, parfois

Connarus africanus.

Fig. 8. Fruit.

1. R. BROWN a admis que le carpelle fertile des *Omphalobium* est superposé à un sépale, et non à un pétale. Mais nous avons montré qu'il n'y avait, à cet égard, aucune différence entre les deux types (voy. *Adansonia*, loc. cit., 233).

2. C'est uniquement sur ce caractère qu'était fondé le genre *Omphalobium*, dont les fleurs, à l'époque de l'épanouissement, n'ont souvent, mais non pas constamment, qu'un seul carpelle bien développé, et n'ont normalement qu'une seule capsule dans le fruit mûr. Quelques fruits du *Connarus Patrisii* font cependant exception et se composent de deux carpelles (fig. 1).

3. Dans ce genre, comme dans plusieurs autres, la forme de cette dilatation est très-variable ; elle est tantôt régulière, presque circulaire, tantôt aplatie, rejetée en dehors ; ici, entière, et là plus ou moins profondément bilobée.

4. Le hile n'est pas constamment basilaire et diamétralement opposé au micropyle ; mais souvent il remonte à une faible hauteur sur le côté de l'ovule qui regarde l'angle interne de l'ovaire : c'est là un premier pas vers l'anatropie incomplète de l'ovule, que nous constaterons dans quelques genres ; et c'est ce qui prouve le peu de valeur qu'en somme on doit attribuer à ce caractère de l'orthotropie, qui n'est pas absolu, nous le verrons, dans tous les genres de cette famille et de plusieurs autres.

5. Quand le calice persiste, et c'est là le cas le plus ordinaire, ses folioles sont assez étroitement appliquées contre le pied du fruit qu'elles enveloppent.

6. Toujours un peu oblique et insymétrique, quand on le regarde exactement de profil et de telle façon qu'on ait en face de soi, d'un côté la nervure dorsale, et de l'autre l'angle ventral du péricarpe.

7. Le hile présente dans sa situation les mêmes variations que nous avons constatées dans celle de l'ovule.

8. PL., in *Linnæa*, XXIII, 429. — GRISEB., *Fl. brit. W. Ind.*, 228. — KARST., *Fl. columb.*, t. 137. — H. BN, in *Adansonia*, IX, 151, n. 25.

9. SCHUM. et THÖNN., *Beskr.*, 299. — LAMK, *Dict.*, II, 95. — GUILL. et PERR., *Fl. Seneg. Tent.*, 156. — H. BN, in *Adansonia*, VII, 235. — BAKER, in OLIV. *Fl. trop. Afric.*, I, 456.

10. W., *Spec.*, III, 692. — GÆRTN., *Fruct.*, I, 27. — CAV., *Dissert.*, VII, 375. — PL., *loc. cit.*, 425. — THW., *Enum. pl. Zeyl.*, 80.

11. BL., *Mus. bot. lugd.-bat.*, 266. — MIQ., *Fl. ind.-bat.*, I, p. II, 662 ; Suppl., I, 529. — A. GRAY, in *Unit. States expl. Exped. Bot.*, 375, t. 45. — WALP., *Ann.*, II, 300 ; IV, 451.

sarmenteuses, sont chargées de feuilles persistantes, alternes, imparipennées, plus rarement trifoliolées, dépourvues de stipules. Leurs fleurs sont réunies en grappes, simples ou plus fréquemment ramifiées de cymes, ordinairement multiflores, et placées dans l'aisselle des feuilles ou au sommet des rameaux.

Autrefois confondus avec les *Connarus*, les *Agelæa* [1] ne s'en distinguent que par des caractères de peu de valeur. Leurs feuilles sont toujours trifoliolées; leur calice persiste autour de leurs fruits; mais il n'en embrasse pas exactement, comme dans les *Connarus*, le pied, qui est plus court ou même tout à fait nul. Leurs pétales et leurs étamines présentent quelques variations dans leur nombre et leur configuration.

On s'accorde à faire rentrer dans le genre *Agelæa* les *Hemiandrina* [2], plantes de l'Inde et de l'archipel Indien, qui ont des fleurs souvent trimères ou tétramères, plus rarement pentamères, dont les pétales sont allongés et étroits, et dont les sépales sont valvaires ou à peine imbriqués dans le bouton [3]. Ainsi constitué, le genre *Agelæa* renferme une dizaine d'espèces [4] qui croissent dans les régions tropicales de l'ancien continent, en Guinée, à Madagascar, dans l'Inde et l'archipel Indien. Ce sont des arbustes rameux, dressés ou grimpants, à feuilles trifoliolées, avec les folioles latérales insymétriques, à fleurs ordinairement nombreuses, réunies en grappes rameuses de cymes, axillaires ou latérales.

Les Rourelles [5] ont tous les caractères fondamentaux des *Connarus*, et n'en diffèrent qu'en deux points : les carpelles, en nombre variable, dont leur fruit est formé, sont sessiles, au lieu d'être supportés par un pied rétréci; et leur calice s'accroît autour de ces carpelles à partir du moment où le fruit noue; de sorte qu'il en cache une portion variable. On en connaît une quarantaine d'espèces : ce sont des arbres

1. SOLAND., ex PL., in *Linnæa*, XXIII, 437. — B. H., *Gen.*, 432, n. 3. — H. BN, in *Adansonia*, VII, 237.

2. HOOK. F., in *Trans. Linn. Soc.*, XXIII, 171, t. 28. — *Troostwyckia* MIQ., *Fl. ind.-bat.*, Suppl., I, 531; in *Ann. Mus. lugd.-bat.*, III, 88. — B. H., *Gen.*, 434, n. 12.

3. Ces caractères variables ont servi à M. J. HOOKER (*loc. cit.*) à diviser les *Agelæa* en cinq sections, qu'il caractérise de la sorte : « 1. *Petala libera. Stamina* 5 *libera inclusa.* — 2. *Petala libera. Stamina* 10 basi breviter connata exserta. Ovaria 5. — 3. Petala leviter connata. Stamina 10 basi connata exserta. Ovaria 5. — 4. *Petala libera. Stamina* 5 *libera; filamentis sæpe apice recurvis; antherarum loculis demum confluentibus. Ovaria* 3-5. — 5. *Petala libera. Stamina* 10 *libera; antheris recurvis extrorsum spectantibus* (Hemiandrina). »

4. DC., *Prodr.*, II, 86. — DELESS., *Icon. select.*, III, 35, t. 58. — TURP., in *Dict. des sc. nat.*, t. 276. — WALP., *Ann.*, II, 305. — H. BN, *loc. cit.*, 240. — BAKER, *loc. cit.*, 453.

5. *Rourea* AUBL., *Guian.*, I, 467, t. 187. — J., *Gen.*, 369. — LAMK, *Dict.*, VI, 317. — B. H., *Gen.*, 432, n. 4. — H. BN, in *Adansonia*, VII, 228. — *Robergia* SCHREB., *Gen.*, 309. — *Cnnicidia* VELLOZ., *Fl. flum.*, IV, t. 129. — *Rourcopsis*, PL., in *Linnæa*, XXIII, 423. — *Connari* spec. DC., *Prodr.*, II, 85. — ENDL., *Gen.*, n. 5948. — ? *Santaloides* L., *Fl. zeyl.*, n. 408.

ou des arbustes, quelquefois grimpants, qui croissent dans l'Amérique [1], l'Asie [2] et l'Afrique tropicales [3]. Leurs feuilles sont alternes, imparipennées [4]; et leurs fleurs sont disposées, dans l'aisselle des feuilles, comme celles des *Connarus*.

On a rapporté à un genre distinct les *Byrsocarpus* [5], dont le calice, au lieu de s'appliquer exactement contre la base du fruit, s'en écarterait plus ou moins et pourrait même s'étaler à l'époque de la maturité. Mais ce caractère, souvent peu marqué [6], est d'ailleurs d'une si minime valeur, qu'il ne nous permet pas de considérer autrement que comme une section du genre *Rourea*, les *Byrsocarpus* dont les organes de végétation et de floraison sont tout à fait identiques [7]. Ce petit groupe renferme sept ou huit espèces africaines, les unes de la côte occidentale [8], les autres de la côte orientale et de Madagascar [9].

Nous n'avons pu davantage séparer génériquement des *Rourea* le *Bernardinia fluminensis* [10], espèce brésilienne dont le calice tombe avant la maturité du fruit [11]. Nous admettons donc dans le genre *Rourea* trois sections [12], souvent difficiles à distinguer nettement les unes des autres par ces caractères tirés du calice.

II. SÉRIE DES CNESTIS.

Les *Cnestis* [13] (fig. 9-11) ont les fleurs hermaphrodites ou polygames. Dans les premières, le réceptacle est le même que celui des *Connarus*. Le calice est formé de cinq sépales, libres, disposés dans le

1. GRISEB., *Fl. brit. W. Ind.*, 228. — PL., *loc. cit.*, 414. — H. BN, in *Adansonia*, IX, 149, n. 23.

2. VAHL, *Symb.*, III, 87. — WIGHT et ARN., *Prodr.*, 144. — HOOK. et ARN., *Bot. Beech. Voy.*, 179. — MIQ., *Fl. ind.-bat.*, I, p. II, 657; Suppl., I, 528. — BL., *op cit.*, 262.

3. PAL. BEAUV., *Fl. ow. et ben.*, I, 98, t. 60. — H. BN, *loc. cit.*, 230-232; VIII, 198. — BAKER, *loc. cit.*, 455. Voyez en outre, pour les espèces de divers pays, PL., in *Linnæa*, XXIII, 413. — WALP., *Ann.*, II, 295.

4. Parfois réduites à trois, ou même à une seule foliole, ces variations pouvant se rencontrer sur un même pied, comme l'indique le nom du *R. heterophylla*.

5. SCHUM. et THÖNN., *Beskr.*, 226. — B. H., *Gen.*, 431, n. 1. — H. BN, in *Adansonia*, VII, 229.

6. « Dans la série des espèces de Madagascar, il y a tous les intermédiaires à cet égard entre les *Byrsocarpus* sénégaliens à sépales étalés, et ceux des *Rourea* mimosoïdes de l'Afrique tropicale, où la constriction du calice est le moins prononcée. » (Voy. H. BN, *loc. cit.*, 229.)

7. Et encore, avons-nous dit, « si l'on voulait considérer le *Byrsocarpus* comme formant une section dans le genre *Rourea*, on serait bien embarrassé de séparer cette section de celle qui contiendrait les *Rourea* proprement dits, ou *Eurourea*. »

8. PL., in *Linnæa*, 412. — HOOK., *Niger*, 290. — BAKER, *loc. cit.*, 452. — WALP., *Ann.*, II, 294.

9. H. BN, *loc. cit.*, 230-234.

10. PL., in *Linnæa*, XXIII, 412. — B. H., *Gen.*, 431, n. 2. — WALP., *Ann.*, II, 295.

11. Voy. *Adansonia*, VII, 232. On ne sépare pas généralement des autres *Connarus* ceux dont le calice se détache ainsi de la base du fruit mûr.

12. I. *Eurourea*, II. *Byrsocarpus*, III. *Bernardinia*.

13. J., *Gen.*, 374. — LAMK, *Dict.*, III, 23;

bouton en préfloraison valvaire. Les pétales, en même nombre que les sépales, alternes avec eux, et ordinairement plus courts qu'eux [1], sont disposés dans la préfloraison d'une façon variable. Ainsi, dans le *C. glabra* [2], ils sont valvaires ou ne se touchent même pas par leurs bords, dans un bouton très-jeune (fig. 11). Dans d'autres espèces, comme le *C. ferruginea* [3], ils sont étroitement imbriqués, ou, plus rarement, tordus. L'androcée est formé de dix étamines qui sont superposées, cinq aux sépales, et cinq aux pétales. Ces dernières sont plus

Cnestis glabra.

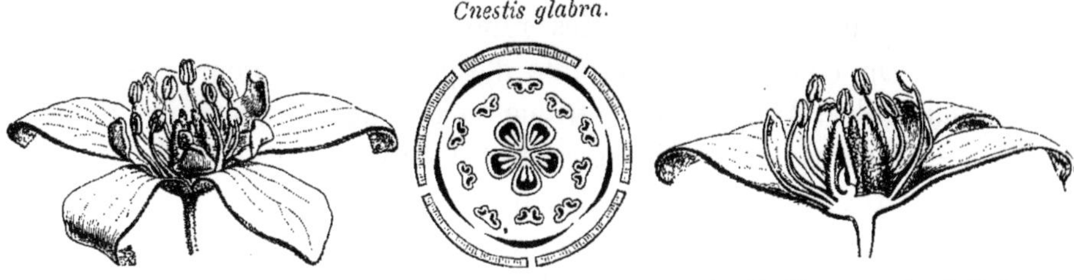

Fig. 9. Fleur. Fig. 11. Diagramme. Fig. 10. Fleur, coupe longitudinale.

petites. Toutes sont unies dans une courte étendue par la base de leurs filets, qui deviennent ensuite libres, et supportent chacun une anthère biloculaire, introrse, déhiscente par deux fentes longitudinales [4]. Lors de l'épanouissement des fleurs, le sommet très-allongé des filets se réfléchit en dehors et renverse la face de l'anthère, qui devient de la sorte extrorse. Le gynécée se compose de cinq carpelles oppositipétales, dont l'ovaire est sessile, surmonté d'un style ordinairement court, à extrémité stigmatifère tronquée ou plus ou moins dilatée. Dans chaque ovaire on observe deux ovules, orthotropes ou à peu près, insérés vers la base de l'ovaire, collatéraux et ascendants, avec le micropyle supère. Le fruit est accompagné ou non du calice persistant, non accru, souvent réfléchi ; il se compose d'un ou plusieurs follicules sessiles, souvent atténués à la base, couverts en dehors d'un duvet velouté, et en dedans de poils

Suppl., II, 828; *Ill.*, t. 387. — R. BR., *Congo*, 423; *Misc. Works*, éd. BENN., I, 113. — DC., *Prodr.*, II, 86. — K., in *Ann. sc. nat.*, sér. 1, II, 359. — ENDL., *Gen.*, n. 5950. — B. H., *Gen.*, 433, n. 8. — H. BN, in *Adansonia*, VII, 240.

1. Souvent ils sont presque aussi larges que longs, arrondis ou échancrés au sommet ; mais, dans quelques espèces, ils s'allongent davantage et se rapprochent de la forme d'une bandelette. Dans le *C. corniculata* LAMK (*Dict.*, III, 23, n. 3 ; — *Agelæa pruriens* SOLAND., herb. ; — *Spondioides pruriens* SMEATHM., herb.), les pétales peuvent même dépasser plus ou moins la hauteur du calice. Il en est de même dans le *C. polyphylla* LAMK (*Dict.*, loc. cit., n. 2).

2. LAMK, *Dict.*, loc. cit., n. 1 ; *Ill.*, t. 387, fig. 1. — DC., *Prodr.*, n. 1. — *Sarmienta cauliflora* SIEB., *Fl. maur. exs.*, p. II, n. 285.

3. DC., *Prodr.*, II, 87, n. 3. — *C. fraterna* PL., *loc. cit.*, 440. — *Spondioides ferruginea* SMEATHM., herb.

4. Dans certaines espèces, comme le *C. ferruginea* DC., chacune des loges de l'anthère se prolonge inférieurement en une sorte de pointe qui se tourne en haut et devient ascendante, lorsque l'anthère a basculé et tourné sa face en dehors.

longs, rigides, brûlants [1]. La graine qu'ils renferment est dressée; elle contient sous ses téguments un albumen charnu, au sommet duquel se trouve un embryon assez long, à radicule supère. Tantôt la graine est dépourvue d'arille; tantôt, au contraire, cet organe est représenté, au voisinage du hile, par une sorte de manchette charnue à bord supérieur inégalement découpé [2]. Les *Cnestis* sont des arbustes ou des arbrisseaux rameux, souvent sarmenteux; leurs feuilles sont alternes, imparipennées, sans stipules; leurs fleurs sont disposées en grappes simples ou rameuses de cymes, tantôt axillaires et tantôt terminales, plus rarement groupées en assez grand nombre sur des rameaux ligneux particuliers, peu allongés. On connaît une douzaine d'espèces de ce genre; elles sont originaires de l'Asie [3] et de l'Afrique [4] tropicales, de l'archipel Indien, des îles Mascareignes, de Madagascar et des îles voisines [5].

Les *Cnestidium* [6] représentent, dans le nouveau monde, un type fort analogue à celui des *Cnestis*. Ils en ont à peu près le périanthe et l'androcée; mais leur calice valvaire n'a pas toujours cinq sépales [7], et n'en compte parfois que trois ou quatre. Leurs pétales sont plus longs que le calice, atténués à leur base, imbriqués dans le bouton. Les étamines sont au nombre de dix, dont cinq plus petites, oppositipétales. Toutes sont unies à leur base en un anneau extrêmement court; après quoi, les filets, grêles et libres, atténués et réfléchis à leur sommet, se terminent par une anthère introrse, biloculaire, définitivement réfléchie. Les

1. Les poils du fruit des *Cnestis* occupent deux siéges différents. Les uns, qui n'existent que dans un certain nombre d'espèces, sont implantés sur l'épiderme extérieur du péricarpe. Ils prennent un grand développement dans le fruit du *C. corniculata* LAMK, et ils sont brûlants; ce qui a encore valu à cette espèce le nom d'*Agelæa pruriens*, donné par SOLANDER. Etudiés à un grossissement suffisant, ils paraissent simples, unicellulés et longuement atténués en pointe à leur sommet. Autour de leur point d'implantation, on observe un grand nombre de poils plus jeunes qu'eux, à peine saillants, mais de même forme, et, de plus, des cellules proéminentes, coniques, obovées ou claviformes, avec un nucléus et un liquide coloré à l'intérieur. Toutes les espèces ont des poils rigides, également simples, unicellulés et aigus, sur toute la surface intérieure de leur péricarpe. Là ils sont extrêmement abondants, pressés les uns contre les autres; certains péricarpes en renferment certainement plusieurs milliers. Ils sont également brûlants, assure-t-on, dans la plante fraîche. Cette propriété, qui a fait nommer certains *Cnestis*, comme le *C. glabra* LAMK, de Bourbon et de Maurice, *Grattelier* et *Poil à gratter*, paraît due, non-seulement à une action mécanique du poil qui se détache facilement par sa base et s'implante dans la peau, mais peut-être encore à un liquide contenu qui est brunâtre et remplit plus ou moins la cavité du poil sur les échantillons secs qui se trouvent dans les herbiers.

2. Dans le *C. polyphylla* LAMK, par exemple, cette manchette entoure environ le quart inférieur de la graine, dont la base est atténuée à ce niveau. L'absence d'arille est donc à tort donnée comme un caractère constant du genre *Cnestis*.

3. ROXBURGH (*Cat. hort. calc.*, 34) n'a décrit de ce pays qu'une espèce douteuse, le *C. monodelpha* (DC., n. 5); mais le genre est certainement représenté par d'autres espèces dans l'Inde et les pays voisins.

4. BENTH., *Niger*, 290. — PL., in *Linnæa*, XXIII, 440. — H. BN, *loc. cit.*, 242, not. 1. — BAKER, in *Oliv. Fl. trop. Afr.*, I, 460. — WALP., *Ann.*, II, 306.

5. H. BN, *loc. cit.*, 244, not. 1.

6. PL., in *Linnæa*, XXIII, 438. — B. H., *Gen.*, 433, n. 7.

7. Et, dans ce cas, ils sont assez souvent inégaux.

carpelles, sessiles, au nombre de cinq, ont un ovaire de *Cnestis*, et un long style grêle, réfléchi, à tête stigmatifère renflée, entière ou bilobée. Le fruit est sessile, velouté, glabre à l'intérieur; la graine est pourvue d'un arille charnu. On ne connaît de ce genre qu'une seule espèce [1], observée au Mexique et dans le nord de la Colombie. C'est un arbre à feuilles imparipennées, veloutées, à folioles symétriques à leur base; les fleurs sont nombreuses, réunies en grappes multiples et ramifiées de cymes, placées dans l'aisselle des feuilles ou à l'extrémité des rameaux [2].

Manotes Griffoniana.

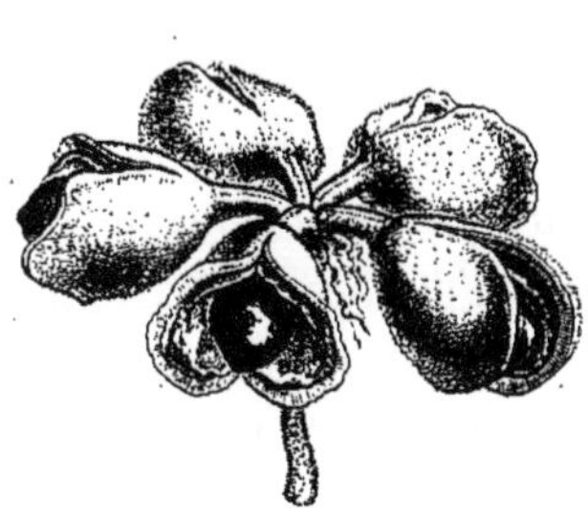

Fig. 12. Fruit.

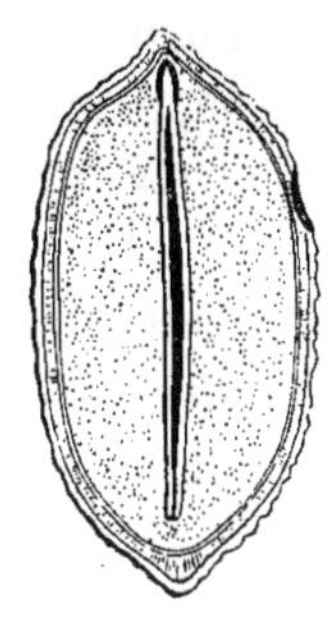

Fig. 13. Graine, coupe longitudinale.

Les *Manotes* [3] sont analogues aux *Cnestis*. Leurs fleurs sont hermaphrodites et pentamères; leur calice est formé de cinq sépales valvaires, persistant autour du fruit, sans grandir, et leur corolle est à cinq pétales imbriqués, plus longs que le calice et caducs. Mais, au-dessus du périanthe, le réceptacle s'allonge, un peu avant l'épanouissement des fleurs, en une colonne à base épaissie, qui porte sur son sommet cinq

1. *C. rufescens* Pl., *loc. cit.* — Walp., *Ann.*, II, 305.

2. Le genre *Tæniochlæna* (Hook. f., *Gen.*, 433, n. 10) est extrêmement voisin des *Cnestidium* et des *Cnestis*, et ne nous paraît devoir être séparé de ces derniers qu'avec doute. Il s'en distingue principalement par trois caractères : 1° la forme de son réceptacle floral, qui est à peu près hémisphérique, le sommet du pédicelle se renflant brusquement à ce niveau; 2° la forme des pétales, qui représentent de longues bandelettes ligulées et glabres; 3° l'état de la surface intérieure du péricarpe, qui est, dit-on, très-glabre. D'ailleurs la fleur a un calice de cinq sépales, valvaires, puis réfléchis après l'anthèse et autour de la base du fruit, dix étamines de *Cnestis* à filets légèrement unis à la base et à anthères courtes, réfléchies après l'anthèse, et cinq carpelles à ovaire biovulé, à style court et à stigmate dilaté. Le fruit est formé d'une ou plusieurs capsules sessiles, pubescentes au dehors et contenant une graine arillée, à testa lisse. La seule espèce connue de ce genre, le *T. Griffithii* Hook. f., est un arbuste de la Malaisie, presque sarmenteux, à rameaux arrondis et glabres. Ses feuilles sont imparipennées, glabres, à folioles sessiles, coriaces, obtuses et plus ou moins partagées en deux au sommet. Les fleurs sont disposées en grappes de cymes axillaires. Quant à la forme et aux dimensions des pétales dans le *Tæniochlæna*, il est bon de se rappeler, pour n'accorder à ce caractère qu'une valeur relative, que certains *Cnestis* proprement dits, tels que le *C. corniculata* Lamk, ont des pétales en forme de languettes étroites, plus longs que le calice à l'époque de l'anthèse. (Voyez p. 6, note 2, et *Adansonia*, VII, 241.)

3. Soland., ex Pl., in *Linnæa*, XXIII, 438. — B. H., *Gen.*, 433, n. 6. — H. Bn, in *Adansonia*, VII, 244.

carpelles oppositipétales et dix étamines immédiatement insérées contre les ovaires. Les filets staminaux sont d'ailleurs libres, et les anthères sont introrses, biloculaires, déhiscentes par deux fentes longitudinales. Les ovaires sont uniloculaires, atténués à leur sommet en un style grêle, réfléchi, à sommet stigmatifère capité. Dans l'angle interne de l'ovaire, s'insèrent deux ovules collatéraux, incomplétement anatropes [1] et descendants, avec le micropyle dirigé en haut et en dehors. Le fruit (fig. 12) est formé d'un nombre variable de follicules, libres, atténués à leur base, puis légèrement renflés, et terminés enfin par un petit apicule réfléchi. La paroi de chaque follicule s'ouvre à la maturité suivant la longueur de son angle interne. On y distingue facilement alors le mésocarpe, demi-charnu, de l'endocarpe ligneux et un peu plus court du côté de son angle interne que le reste du péricarpe [2]. Il en résulte qu'il est béant de ce côté et qu'il abandonne le point d'insertion de la graine, qui est situé en dedans, un peu au-dessous de son micropyle. La graine (fig. 13), libre alors dans l'endocarpe [3], renferme sous ses téguments un albumen abondant, presque corné, dans l'axe duquel est placé un long embryon vert à radicule supère et à cotylédons aplatis. Toute la surface extérieure de la graine est formée d'un tissu charnu qui représente, comme dans les *Magnolia*, le tégument superficiel, ainsi modifié dans toute son étendue, et qu'on peut considérer comme un arille, généralisé dans les *Manotes*, tandis qu'il est localisé dans les *Connarus* et autres genres analogues. On connaît trois espèces de ce genre ; elles se trouvent toutes dans l'Afrique tropicale occidentale [4].

Les *Tricholobus* [5] (fig. 14) ont, avec le port et le feuillage des *Connarus*, des fleurs dont le périanthe et l'androcée sont construits comme ceux des *Manotes ;* car leurs cinq sépales sont valvaires ; leurs cinq pétales, alternes, sont imbriqués ou tordus dans le bouton, plus longs que le calice, et leur androcée monadelphe est formé de dix étamines dont les filets ne sont libres que dans leur portion supérieure, et dont les anthères sont biloculaires, introrses, déhiscentes par deux fentes longitudinales.

1. Et plus ou moins, suivant que leur ombilic est placé à une hauteur plus ou moins grande de l'angle interne. Ainsi, il est quelquefois fort rapproché de la base ; et, dans ce cas, l'ovule est presque orthotrope. Mais dans le *M. Griffoniana* H. Bn (in *Adansonia*, loc. cit., note 1), le point d'attache ovulaire est fort élevé et assez voisin du micropyle. Placé vers le milieu du bord interne de l'ovule, à l'époque de l'anthèse, il s'élève peu à peu après la fécondation. En même temps la région chalazique s'atténue en une pointe qui s'insinue graduellement dans la portion rétrécie de la cavité ovarienne, celle qui correspond au pied du carpelle.

2. L'endocarpe ligneux se prolonge dans le pied du fruit en une longue queue durcie.

3. C'est celui-ci que M. Planchon a décrit comme un arille, en même temps qu'il confondait avec un funicule la portion inférieure durcie et rétrécie de l'endocarpe. (Voy. *Adansonia*, loc. cit., 246.)

4. Baker, *loc. cit.*, 459.

5. Bl., *Mus. bot. lugd.-bat.*, I, 236. — B. H., *Gen.*, 433, n. 9.

Les cinq étamines superposées aux pétales sont plus courtes que les cinq autres, et peuvent même devenir tout à fait stériles. Mais le gynécée n'est formé à tout âge que d'un seul carpelle, dont l'ovaire est libre, uniloculaire, et surmonté d'un style, de longueur variable, à sommet dilaté en tête stigmatifère. Le fruit est une gousse[1] sessile ou stipitée, dont le calice non accru embrasse la base, et qui renferme, dans son péricarpe de consistance variable, une graine ascendante[2], accompagné d'un arille un peu latéral, inégalement lobé, et dont l'embryon, épais et charnu, à radicule supère, est dépourvu d'albumen.

Tricholobus cochinchinensis.

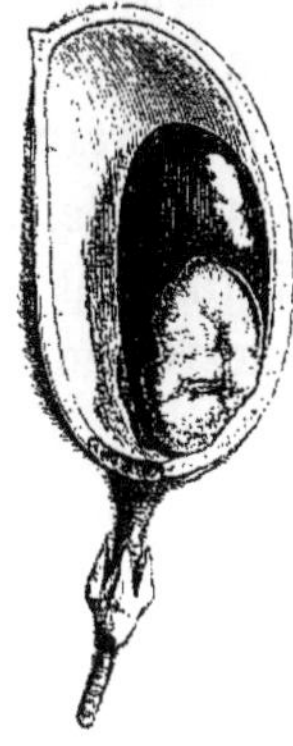

Fig. 14. Fruit, dont une valve a été enlevée.

Les *Tricholobus* sont des arbres de l'archipel Indien[3], de la Cochinchine[4], à feuilles alternes, imparipennées, glabres ou chargées de poils; leurs fleurs sont disposées en grappes de cymes, terminales ou axillaires. On en connaît jusqu'ici trois espèces.

De même qu'il y a dans le genre *Rourea* des plantes à feuilles unifoliolées, tandis que la plupart des espèces ont des feuilles imparipennées, plurifoliolées; de même quelques *Tricholobus* de l'Inde et de la Malaisie, qu'on a désignés sous le nom d'*Ellipanthus*[5], ont des feuilles à une seule foliole. Mais tous les autres caractères essentiels de la fleur et du fruit étant exactement les mêmes, il n'est guère possible de faire des *Ellipanthus* autre chose qu'une section du genre *Tricholobus*. On en connaît jusqu'ici quatre espèces, originaires de l'Inde et de la Malaisie[6].

Cette petite famille, telle que nous venons de l'étudier, est de création

1. On ne peut lui donner que ce nom, car il s'ouvre par deux fentes longitudinales en deux panneaux complétement indépendants l'un de l'autre, et qui ne tiennent plus alors au réceptacle que par leur base. L'un de ces panneaux a été détaché dans la figure 14, et l'on n'en voit plus que la cicatrice.

2. Son point d'attache peut être tout à fait basilaire, comme dans le *T. cochinchinensis* H. Bn. Mais il peut, de même que dans les *Connarus*, les *Manotes*, etc., remonter plus ou moins haut. C'est ce qui arrivé dans le *T. fulvus* Bl., dont l'ovule a été pour cette raison décrit comme anatrope. Dans cette espèce, le micropyle occupant le sommet fort atténué, longuement conique, de l'ovule, et tout à fait supérieur, le point d'attache de l'ovule se trouve vers la réunion du tiers inférieur avec les deux tiers supérieurs du bord ventral de l'ovule. Il y a donc anatropie fort incomplète, bien moins complète surtout que dans certains *Manotes*.

3. Bl., *loc. cit.* — Miq., *Fl. ind.-bat.*, I, p. II, 666. — Walp., *Ann.*, II, 304.

4. H. Bn, in *Adansonia*, IX, 150, n. 24.

5. Hook. f., *Gen.*, 434, n. 11.

6. Wall., *Cat.*, n. 8551 (*Connarus monophyllus*). — Thw., *Enum. pl. Zeyl.*, 80, 410 (*C. unifoliolatus*).

peu ancienne. A. L. DE JUSSIEU [1], à l'imitation de ses devanciers, plaçait parmi les Térébinthacées les quelques genres de Connaracées que l'on connaissait de son temps, c'est-à-dire les *Connarus*, *Omphalobium* et *Cnestis*. C'est R. BROWN qui, dans son célèbre travail sur les plantes de l'Afrique tropicale occidentale [2], proposa en 1818 l'établissement d'une famille des Connaracées, formée des trois genres *Connarus*, *Cnestis* et *Rourea*. L'insertion des étamines ne lui paraissait devoir s'y rapporter qu'avec doute à l'hypogynie; mais le caractère le plus considérable du groupe était le mode d'attache des ovules collatéraux, dont l'ombilic est basilaire, ou à peu près, tandis que la graine renferme un embryon à radicule supère. En un mot, R. BROWN distinguait nettement, par leurs ovules et leurs graines orthotropes, les Connaracées des Térébinthacées, dont l'ovule est au contraire anatrope. KUNTH [3] se rangea simplement, en 1824, à la manière de voir de R. BROWN, car il admit sans discussion la famille des Connaracées comme distincte, au même titre que celles des Juglandées, Amyridées, etc.; il y comprit les trois genres indiqués par R. BROWN, et y joignit, comme *genera Connaraceis affinia*, les *Brunellia* [4] et *Brucea*. ENDLICHER [5] conserva la famille des Connaracées, à laquelle il joignit à tort [6] les genres *Thysanus*, *Eurycoma*, *Suriana*, *Cneorum* et *Heterodendron*. LINDLEY [7] ne maintint qu'avec doute les deux premiers de ces genres dans son Ordre des Connaracées. C'est en 1850 que M. PLANCHON [8] entreprit la révision de l'ensemble de cette famille, dont il exclut définitivement les genres *Eurycoma*, *Cneorum*, *Suriana*, *Heterodendron*, *Brunellia*, *Brucea* et *Ailanthus*. En même temps il y faisait rentrer les deux genres de SOLANDER : *Manotes* et *Agelæa*, et établissait trois types génériques nouveaux : le *Cnestidium*, le *Roureopsis*, qui n'est qu'un *Rourea*, et le *Bernardinia*, que nous rapportons au même genre. En 1850, BLUME [9] créa pour des plantes de l'archipel Indien son genre *Tricholobus*. Les derniers genres proposés, dans ces dernières années, sont dus à MM. J. HOOKER et MIQUEL : au premier, l'*Hemiandrina* [10], plus tard réintégré par lui dans le genre *Agelæa*, le *Tæniochlæna*, et l'*Ellipanthus* [11], dont nous ne faisons qu'une

1. *Genera plantarum* (1789), 369. — DE CANDOLLE (*Prodr.*, II, 84) a également fait des Connaracées la septième tribu de ses Térébinthacées.

2. *Congo*, 431; *Misc. Works*, éd. BENN., I, 112.

3. In *Ann. sc. nat.*, sér. 1, II, 359.

4. Tout en disant de ce genre : « *Diosmeis propior.* »

5. *Genera plantarum* (1836-1840), 1139, Ordo CCXLVII.

6. Comme *genera affinia*, il est vrai.

7. *Veg. Kingd.* (1846), 468, Ordo CLXXV.

8. In *Linnæa*, XXIII, 412.

9. *Mus. lugd.-bat.*, I, 236.

10. In *Trans. Linn. Soc.*, XXIII, 171, t. 28 (1860).

11. *Gen.*, 433, 434, n. 10, 11 (1862).

section des *Tricholobus;* au dernier, le *Troostwyckia,* qui ne diffère pas de l'*Hemiandrina*, et le *Nothocnestis* [1], dont l'organisation est incomplétement connue et dont les affinités naturelles sont encore actuellement un sujet de discussion.

AFFINITÉS. — Toutes les affinités reconnues par les auteurs qui précèdent ENDLICHER sont tellement bien résumées par ce dernier [2], qu'il suffit, pour les rappeler, de citer textuellement ses paroles : « Anacar- » diaceis, *mediante* Buchanania, *et* Zanthoxyleis *per* Brunelliam *propius* » *accedunt, embryone antitropo diversæ*, *hinc per* Cnestin, *mediante* Aver- » rhoa, Oxalideis, *illinc* Leguminosis Detarieis, *vix nisi ovariorum numero*, » *embryonis situ et stipularum defectu distinguendis*, *accedunt* [3]. » En effet, les *Buchanania*, ayant des carpelles libres et un androcée diplostémone, ne diffèrent des Connaracées que par l'anatropie complète de leur ovule, et nous savons maintenant qu'il y a des Connaracées où cette anatropie est pour ainsi dire ébauchée. On peut en dire autant des Rutacées et des Simaroubées, groupes auxquels les *Brunellia* ont été successivement rapportés, mais qui sont ordinairement caractérisés, ou par l'existence des glandes à huile essentielle odorante, ou par une amertume prononcée de tous les organes. L'*Averrhoa*, qui est une Oxalidée, se trouve plus étroitement que jamais relié aux Connaracées [4] par le *Connaropsis*, qui serait un *Cnestis*, si ses carpelles étaient indépendants, au lieu d'être réunis en un ovaire quinquéloculaire. Quant aux Détariées et aux Copaïférées, elles sont si analogues aux *Connarus* unicarpellés ou *Omphalobium*, et aux *Tricholobus* dont le carpelle est également solitaire, qu'il n'y a pas de collection où l'on ne trouve les unes et les autres de ces

1. La plante de Sumatra, qui forme à elle seule ce genre, n'appartient pas aux Connaracées, mais peut-être aux Légumineuses, suivant MM. BENTHAM et HOOKER (*Gen.*, 431). Toutefois M. MIQUEL, qui a établi le genre en 1861, dans le *Flor. ind.-bat.*, Suppl., I, 531, maintient en 1867, dans les *Ann. Mus. lugd.-bat.*, III, 88, qu'elle doit demeurer dans la première des deux familles, et il corrige en quelques points la caractéristique qu'il en avait primitivement donnée. Nous ne pouvons nous prononcer sur cette question, puisque les échantillons très-incomplets que l'herbier de Leyde possède du *Nothocnestis* n'ont pu être étudiés par nous. Nous savons seulement, par M. MIQUEL, que le *N. sumatrana* est un arbre à feuilles simples et entières, et à fleurs pentamères, avec un calice partit dont une portion persiste autour du fruit, un disque annulaire en dehors duquel s'insèrent des étamines au nombre de cinq (?), et, pour fruit, un follicule solitaire et central à sutures dorsale et ventrale saillantes en dehors et surtout en dedans en une fausse cloison fort incomplète, avec une déhiscence unilatérale, et une graine insérée un peu obliquement sur un placenta basilaire. Cette graine est entourée d'un arille membraneux, succulent, qui l'enveloppe presque entièrement, et elle contient un embryon qu'entoure une couche mince d'albumen (?).

2. *Op. cit.*, 1139.

3. M. AGARDH admet en somme les mêmes affinités, puisqu'il considère (*Theor. Syst. plant.*, 229) les Connaracées comme servant, par la forme de leurs fruits, de transition entre les Légumineuses et les Térébinthacées; et les Détariées comme étant, à cause de leur corolle, une forme plus parfaite des Connaracées.

4. Avec lequel R. BROWN a depuis longtemps démontré ses affinités.

plantes confondues entre elles. Il y a, en réalité, deux différences entre ces Légumineuses amoindries et les Connaracées. Les premières ont des stipules et un ovule complétement réfléchi. Tous les autres caractères étant semblables, il y a entre les deux groupes une très étroite intimité. Nous en avons encore une autre à signaler, c'est celle des Connaracées avec les Spirées, de la famille des Rosacées. Rien ne ressemble plus à certaines Spirées à carpelles biovulés que les *Agelæa*, les *Manotes* et quelques autres Cnestidées; même périanthe, même androcée diplostémone, et cinq carpelles libres qui renferment chacun deux ovules. Ceux-ci étant souvent à peu près anatropes dans les *Manotes*, qui ont d'ailleurs des feuilles alternes, composées-pennées et des inflorescences en panicules, il ne reste plus, pour séparer les deux types, que ces deux faits : certaines Spirées ont des stipules, et leurs graines sont le plus souvent dépourvues d'albumen. Mais comme ces deux traits d'organisation ne sont même pas constants, on comprendra pourquoi nous avons dû placer les Connaracées entre les Rosacées et les Légumineuses.

Quels sont maintenant les caractères qui permettent de subdiviser les Connaracées? Quels sont ceux qui sont constants dans cette petite famille? Parmi ces derniers, il y en a plusieurs qui ne sont pas sans importance : l'indépendance des carpelles, leur nombre égal au plus à celui des pétales, le nombre des ovules dans chaque carpelle, la direction en haut du micropyle, la consistance du péricarpe, toujours sec et définitivement déhiscent, la diplostémonie réelle de l'androcée, l'alternance des feuilles, l'absence des stipules et la consistance ligneuse des tiges. D'autres caractères sont à la fois de grande valeur et presque constants; ce sont : des feuilles composées-pennées, des ovules tout à fait ou presque orthotropes, des graines pourvues d'un arille plus ou moins épais, localisé ou généralisé. En troisième lieu, viennent deux caractères qui existent à peu près dans une moitié de la famille et qui manquent dans l'autre : ce sont, le mode de préfloraison du calice, et la présence d'un albumen. On leur a accordé cependant, dans la pratique, une valeur assez inégale, comme nous allons le voir actuellement.

Le caractère tiré de la préfloraison du calice a été jugé assez important pour servir à partager toutes les Connaracées connues en deux tribus ou séries : celle des Connarées, où les sépales seraient imbriqués dans le bouton, et celle des Cnestidées, où ils seraient valvaires. Si les faits se présentaient constamment avec une semblable netteté, il est certain que ce mode de division serait des plus commodes dans la pratique; et nous l'avons, en effet, conservé comme tel. Mais il ne faudrait pas prétendre qu'il fût en même temps absolument naturel. Ce qui vient à l'appui de cette proposition, c'est que les *Troostwickya* ont été placés par MM. BENTHAM et HOOKER dans la série des Cnestidées, parce qu'ils ont le calice valvaire, et que ce nom est exactement synonyme de celui d'*Hemiandrina*, genre aujourd'hui supprimé et considéré à juste titre comme une simple section du genre *Agelæa* où le calice est ordinairement imbriqué, comme il convient aux Connarées. D'autre part, un grand nombre de *Tricholobus* ont tout à fait la fleur des *Omphalobium* ou *Connarus* à gynécée finalement unicarpellé. Beaucoup d'entre eux ont aussi exactement les mêmes organes de végétation; et néanmoins, de ces deux types, aussi voisins que possible l'un de l'autre par tous les caractères, le *Tricholobus* est une Cnestidée, puisque son calice est valvaire; les *Omphalobium*, dont le calice est imbriqué, sont au contraire des Connarées. Jamais classification artificielle ne fut plus commode, il faut l'avouer; mais jamais elle n'a tenu moins compte de la somme de tous les caractères communs.

Le caractère tiré de l'albumen est bien moins important encore. Cet organe n'existe, il est vrai, dans aucune des plantes connues de la série des Connarées; mais il y a une moitié des genres de la série des Cnestidées où les graines sont albuminées, et une autre moitié où elles sont dépourvues d'albumen.

Les autres caractères servent seulement à distinguer les genres entre eux. Tels sont : 1° L'élongation du réceptacle, au delà du périanthe, en une colonne qui supporte les organes sexuels. Les *Manotes* seuls présentent cette particularité. 2° La présence ou l'absence d'un pied à la base de chaque carpelle. Ce pied manque dans les *Rourea*, et il existe dans les *Connarus*. 3° Le nombre absolu des éléments du gynécée. Les *Tricholobus* que nous avons pu étudier ont un seul carpelle à tous les âges, tandis que, dans d'autres types unicarpellés à l'âge adulte ou dans le fruit, il y a eu, à une époque antérieure, un plus grand nombre de carpelles. 4° L'état de la surface intérieure du péricarpe. Elle est chargée de poils particuliers dans les *Cnestis*, tandis qu'elle demeure glabre dans les genres voisins *Cnestidium* et *Tæniochlæna*. Quant à la persistance ou à la chute précoce du calice, à la façon dont il embrasse plus ou moins étroitement la base du fruit, à la présence ou à l'absence de l'arille, ces caractères n'ont pas même, pour nous, une valeur générique, parce qu'ils ne sont pas constants dans certains genres regardés comme parfaitement homogènes par les auteurs qui nous ont précédé. Ainsi les *Rourea* sont considérés par plusieurs auteurs comme différant génériquement des *Byrsocarpus* et des *Bernardinia* en ce que le calice des premiers est persistant et s'applique étroitement sur la base du fruit, tandis qu'il s'écarte de cette base dans les deux derniers, et même qu'il tombe après la floraison dans les *Bernardinia*. Mais nous avons fait voir[1] que, « dans la série des espèces de Madagascar, il y a tous les intermédiaires à cet égard entre les *Byrsocarpus* sénégaliens à sépales étalés et ceux des *Rourea* mimosoïdes de l'Afrique tropicale où la constitution du calice est le plus prononcée... » Il s'agit là, en somme, d'une question de plus ou de moins; « de telle façon qu'on ne saurait préciser à quel point de cette série des espèces le calice cesse d'être celui d'un *Byrsocarpus*, pour devenir celui d'un *Rourea* véritable ». Quant à la non-persistance du calice dans les *Bernardinia*, ce caractère ne saurait davantage suffire à constituer un genre distinct des *Rourea*, puisque dans le genre *Connarus* lui-même se trouvent réunies des espèces à sépales persistants et d'autres à sépales caducs, sans même qu'on puisse, avec ces différences, constituer dans ce genre des sections suffisamment distinctes. Les deux caractères invoqués ne peuvent donc pas servir à établir des coupes génériques acceptables. On ne peut en dire autant de l'accrescence du calice; car elle suffit à séparer les *Rourea* des *Connarus*, genres que nous avons déjà vus parfaitement distingués l'un de l'autre par un autre caractère.

La distribution géographique des Connaracées[2] est peu étendue en latitude. Ces plantes s'observent dans toutes les régions chaudes du globe et sous presque toutes les longitudes. On n'a pas encore trouvé, il est vrai, une seule Connaracée dans l'Australie tropicale, et l'on n'en connaît qu'une espèce dans les îles du Pacifique. Mais les cent cinquante espèces qu'on décrit dans cette famille sont à peu près également distribuées dans toutes les parties chaudes de l'Asie, de l'Afrique et de l'Amérique tropicales. Les *Tricholobus*, *Tæniochlæna*, *Manotes* et *Agelæa* ne se rencontrent que dans l'ancien continent; les *Cnestidium*, dans le nouveau seulement. Les *Manotes* n'ont été observés que dans l'Afrique tropicale occidentale. Les *Connarus* et les *Rourea* appartiennent aux deux mondes. Il n'y a guère de Connaracées au delà de 25° au nord et de 30° au midi de l'Équateur.

1. *Adansonia*, VI, 228 (voy. p. 5, note 6).

2. LINDL., *Veg. Kingd.*, 468.

Les usages des Connaracées ne sont pas nombreux. En général, ce sont des plantes qui contiennent dans leurs tissus une certaine quantité de substance résineuse, balsamique; de là l'emploi qu'on fait de certaines espèces comme toniques, astringentes. Plusieurs *Connarus* sont dans ce cas, notamment le *C. africanus* Cav., dont les nègres appliquent l'écorce en infusion sur les plaies et les brûlures [1], et le *C. pinnatus*, dont l'écorce sert à traiter les aphthes dans l'Inde [2]. Le *Rourea hirsuta* a une écorce balsamique, tonique. L'*Agelœa Lamarckii* Pl. passe à Madagascar pour un astringent puissant. On ajoute, il est vrai, que l'abus de ce médicament donne des dysenteries très-intenses, mais en même temps il est reconnu comme utile contre plusieurs flux [3]. Les fruits, de couleur rouge ou orangée, d'un grand nombre d'espèces, rendent ces plantes très-ornementales, au dire de M. Wight, qui vante aussi l'odeur de leurs fleurs [4]. L'arille est parfois comestible, comme dans le *Connarus edulis* [5], le *C. Roxburghii* W. et Arn., et le *C. Lambertii* [6]. L'intérieur de la graine peut être riche en huile, comme dans les *C. pinnatus* DC., *Lambertii*, etc. L'amande du *Cnestis ferruginea* DC. a le goût des noisettes. Quant aux fruits de la plupart des espèces de ce genre, ils sont garnis intérieurement et même extérieurement de poils irritants, brûlants même [7]. Tels sont l'*Oboqui* du Gabon (*Cnestis corniculata* Lamk) [8], et les *Gratteliers* de Bourbon et de Madagascar, le *C. glabra* Lamk et le *C. polyphylla* Lamk [9], qui causent des démangeaisons très-vives et sont employés comme les vrais *poils à gratter* que fournissent plusieurs Légumineuses. Il y a une variété de l'*Agelœa Lamarckii* qui croît à Madagascar, et que nous avons appelée *emetica* [10], parce que ses feuilles sont employées comme vomitif dans le pays. On admet aussi, d'après Schomburgk [11], que le *Bois de zèbre*, si recherché des ébénistes, est celui d'un *Connarus* de la Guyane, le *C.* (*Omphalobium*) *Lambertii* [12].

1. Duch., *Répert.*, 289.
2. Rosenth., *Syn. plant. diaphor.*, 868.
3. Voy. *Adansonia*, VII, 239. C'est le *Soandrou* ou *Céphan-mahi* des Malgaches.
4. Cette odeur est analogue à celle du Lilas (voy. Lindl., *Veg. Kingd.*, 468). Pervillé l'a retrouvée dans les fleurs de l'*Agelœa Lamarckii* (voy. *Adansonia*, VII, 239).
5. Endl., *Enchir.*, 605.
6. *C. guianensis* Lamb., mss., ex Pl. — *Omphalobium Lambertii* DC., *Prodr.*, n. 4.
7. Voy. *Adansonia*, VII, 243.
8. *Spondioides pruriens* Smeathm. — *Agelœa pruriens* Soland. (voy. p. 6, note 2).
9. *Dict.*, n. 1, 2.
10. Les Malgaches l'appellent *Vahé-maïnti* (voy. *Adansonia*, VII, 240).
11. Lindl., *loc. cit.* — Rosenth., *op. cit.*, 869.
12. Voy. note 6.

GENERA

I. CONNAREÆ.

1. **Connarus** L. — Flores hermaphroditi ; receptaculo conico v. apice breviter depresso. Sepala 5, æstivatione imbricata, persistentia deciduave. Petala 5, calyce longiora, cum sepalis alternantia, libera, margine nonnunquam inter se cohærentia ; præfloratione imbricata. Stamina 10, quorum 5 alternipetala longiora, 5 autem oppositipetala breviora ; filamentis ima basi plus minus incrassata et disciformi connatis, 1-adelphis, mox liberis filiformibus ; antheris 2-locularibus introrsis, longitudine rimosis, demum reflexis versatilibusve, nonnunquam (in staminibus oppositipetalis) sterilibus v. deficientibus. Carpella 5, oppositipetala ; 1-4 sæpius minoribus plus minus tarde abortientibus ; ovario fertili 1-loculari, in stylum terminalem, apice dilatato-stigmatoso, attenuatum. Ovula in loculo 2, collateralia, plus minus prope ad basin loculi inserta, complete incompleteve orthotropa ; umbilico scilicet basilari v. plus minus laterali ; micropyle supera. Fructus siccus capsuliformis stipitatus ; calyce circa fructum, aut persistente haud aucto stipitem amplectente, aut deciduo et e cicatricibus solum noto ; pericarpio oblique oblongo, obtuso v. vix apiculato, coriaceo, sutura ventrali dehiscente 1-spermo. Semen suberectum, basi arillo plus minus laterali carnoso lobato munitum ; testa extus lævi nitida ; albumine 0 ; embryonis inversi cotyledonibus crassis carnosis amygdalinis ; radicula brevi supera. — Arbores fruticesve, sæpe subscandentes ; foliis alternis imparipinnatis v. rarius 3-foliolatis sempervirentibus exstipulaceis ; floribus in racemos simplices v. sæpius ramosissimos cymiferos dispositis, minutis crebris ; pedicellis plerumque articulatis. (*America*, *Africa*, *Asia trop.*, *Arch. ind.*, *ins. Pacific.*) — *Vid. p.* 1.

2. **Agelæa** SOLAND. — Flores hermaphroditi, aut omnino *Connari*, aut vix diversi; calyce 5, v. rarius 3, 4-partito; sepalis imbricatis, subvalvatis v. valvatis. Petala 5, libera connatave, v. rarius 3, 4, aut oblonga lanceolatave, aut rarius ligulata, longe filiformia. Stamina 10 (*Connari*), quorum 5 breviora nonnunquam sterilia v. ananthera, v. rarius 5-3, alternipetala; filamentis basi connatis, rarius subliberis, apice sæpius reflexis; antheris introrsis. Carpella 3-5 (*Connari*); stylo gracili, apice dilatato stigmatoso simplici v. 2-lobo. Capsulæ 1-3, rarius 4, 5; calyce persistente fructus basin haud amplectente; sessiles v. breviter stipitatæ 1-spermæ. Semen *Connari*. — Arbores fruticesve erecti v. scandentes; foliis alternis 3-foliolatis; inflorescentia *Connari*. (*Africa trop.*, *Malacassia*, *India trop.*, *arch. Ind.*) — *Vid. p.* 4.

3. **Rourea** AUBL. — Flores hermaphroditi (*Connari*); calyce erecto, valde imbricato, aut aucto, basin fructus sessilis demum amplectente (*Eurourea*), aut plus minus expanso nec arcte capsulam amplectente (*Byrsocarpus*), rarius deciduo (*Bernardinia*). Cætera *Connari*. — Arbusculæ fruticesve, interdum scandentes; foliis pinnatis v. rarissime 3-foliolatis persistentibus; floribus in racemos simplices v. sæpius compositos cymiferos, axillares terminalesve, dispositis. (*America, Asia et Africa trop.*, *Malacassia*.) — *Vid. p.* 4.

II. CNESTIDEÆ.

4. **Cnestis** J. — Flores hermaphroditi polygamive; receptaculo breviter conico v. apice depresso. Calyx 5-partitus, valvatus. Petala 5, alterna sæpe calice breviora; præfloratione valvata imbricatave. Stamina 10; filamentis ima basi connatis liberisve, oppositipetalis 5, apice reflexis; antheris 2-locularibus introrsis, demum extrorsum spectantibus 2-rimosis. Carpella 5, oppositipetala sessilia; stylis brevibus, apice obtuso capitellatove stigmatoso; ovulis 2 (*Connari*). Capsulæ 1-5, basi calyce persistente haud aucto patente munitæ, extus velutinæ pilosæve, intus pilis rigidis prurientibus creberrimis vestitæ. Semen erectum v. suberectum arillatum exarillatumve; albumine carnoso; embryonis inversi cotyledonibus foliaceis; radicula brevi supera. — Frutices arbusculæve; foliis alternis imparipinnatis; floribus racemosis; racemis simplicibus compositisve cymiferis, plerumque axillaribus; pedicellis sæpe articulatis. (*Asia et Africa trop.*, *archip. Ind.*) — *Vid. p.* 5.

5. **Cnestidium** Pl. — Flores hermaphroditi (*Cnestidis*); perianthio 5-mero v. rarius inæquali-3, 4-partito. Calyx valvatus. Corolla calyce longior, valvata. Stamina 10 (*Cnestidis*); filamentis ima basi connatis. Carpella 5, oppositipetala sessilia; stylo gracili elongato, apice stigmatoso incrassato integro v. 2-lobo. Capsula solitaria sessilis velutina, intus glabra. Semen basi arillo carnoso adnato dimidiato aucta. — Arbor frutexve velutino-pubescens; foliis alternis imparipinnatis; floribus axillaribus terminalibusque; racemis crebris ramosis multifloris cymiferis; pedicellis basi bracteatis. (*Panama*, *Mexico*.) — *Vid. p.* 7.

6. **Tæniochlæna** Hook. f. — Calyx 5-partitus; sepalis receptaculo parvo hemisphærico v. obconico insertis, fructu revolutis; præfloratione valvata. Petala longe ligulata glabra. Stamina 10 carpellaque 5 (*Cnestidis*). « Capsulæ 1-3, sessiles ovoideæ subcompressæ obtusæ pubescentes, intus glaberrimæ. Semen oblongum, basi arillo adnato dimidiato suffultum; testa nitida; cotyledonibus amygdalinis. » — Frutex subscandens; ramis glabris; foliis imparipinnatis glaberrimis; foliolis subsessilibus oblongis, apice 2-lobis coriaceis; floribus cymoso-racemosis axillaribus; inflorescentia tomentosa folio breviore; pedicellis gracilibus. (*Malaisia.*) — *Vid. p.* 8.

7. **Manotes** Soland. — Flores hermaphroditi; receptaculo conico, ultra corollam in columnam gracilem erectam ad apicem carpelligeram producto. Calyx 5-partitus, valvatus. Petala 5, alterna, linearia calyce longiora, præfloratione imbricata, caduca. Stamina 10, sub carpellis inserta, libera, oppositipetala breviora; antheris introrsis 2-rimosis, demum reflexis. Carpella 5, oppositipetala; ovariis liberis summa columna insidentibus; stylis linearibus reflexis, apice capitato stigmatiferis; ovulis 2 collateralibus, aut basi, aut angulo interno ovarii plus minus alte insertis, orthotropis v. subanatropis; micropyle supera. Fructus 1-5-carpellus; capsulis stipite communi summo insidentibus, singulis stipitellatis reflexis; pericarpio subdrupaceo; epicarpio pubescente; mesocarpio tenui; endocarpio lignoso mesocarpio multo breviore, demum intus folliculatim longitudine dehiscente. Semen subanatropum descendens; integumento externo celluloso æquali; albumine copioso duro; embryonis (viridis) inversi radicula brevi supera; cotyledonibus foliaceis. — Arbores fruticesve pubescentes; foliis imparipinnatis; floribus in racemos compositos cymiferos terminales axillaresve dispositis; pedicellis bracteolatis articulatis. (*Africa trop. occid.*) — *Vid. p.* 8.

8. **Tricholobus** Bl. — Flores hermaphroditi ; receptaculo brevi conico. Calyx 5-partitus, valvatus, post anthesin haud auctus. Petala 5, alterna, calyce longiora ; præfloratione imbricata contortave. Stamina 10 (*Connari*) ; staminibus 5 oppositipetalis minoribus, v. antheris sterilibus donatis anantherisve ; filamentis demum elongatis, apice reflexis. Carpellum 1 ; ovario sessili in stylum terminalem apice dilatato stigmatosum attenuato. Ovula 2, collateralia, aut orthotropa, aut subanatropa ; micropyle supera. Fructus sessilis stipitatusve ; pericarpio intus glabro, demum suturis 2 longitudine dehiscente. Semen (*Connari*), basi arillo forma vario instructum ; embryone carnoso crasso exalbuminoso. — Arbores fruticesve ; foliis alternis imparipinnatis v. 1-foliolatis (*Ellipanthus*) ; floribus in racemos axillares terminalesve, aut simplices aut compositos dispositis. (*India, arch. Ind., Malaisia, Cochinchina.*) — *Vid. p.* 9.

VIII

LÉGUMINEUSES

Les Légumineuses [1] sont des plantes dont le fruit est presque constamment une gousse (*legumen*). Presque constamment aussi leur gynécée est formé d'un seul carpelle excentrique, libre, avec un ovaire uniloculaire, renfermant un placenta pariétal pluri- ou plus rarement pauci-ovulé. La plupart des autres caractères sont variables ; ils ont permis de subdiviser cette famille en trois sous-familles ou sous-ordres, admis par la plupart des auteurs, considérés par quelques-uns comme autant d'ordres distincts. Il nous faut nécessairement étudier séparément ces trois groupes ; de sorte que nous établirons d'abord, à l'exemple de tous les botanistes, les principaux traits distinctifs de chacun d'eux.

I. Papilionacées. — Fleurs à corolle ordinairement irrégulière, dite *papilionacée*, avec un étendard extérieur dans la préfloraison aux autres pétales. Réceptacle concave d'une seule pièce, portant sur ses bords le périanthe et l'androcée. Embryon à radicule infléchie, accombante, rarement très-courte et droite.

II. Cæsalpiniées. — Fleurs à corolle imbriquée, le pétale qui répond à l'étendard recouvert sur ses deux bords (ou plus rarement sur l'un d'eux, ou même sur les deux) par les deux pétales latéraux voisins. Réceptacle convexe, avec insertion hypogynique de l'androcée et du périanthe, ou plus rarement concave, avec une insertion périgynique. Embryon à radicule droite ou rarement un peu oblique.

III. Mimosées. — Fleurs régulières (ordinairement petites), à réceptacle concave ou convexe, à calice valvaire, rarement imbriqué, ordinairement gamosépale, à pétales valvaires, libres ou unis dans une étendue variable. Embryon ordinairement rectiligne.

1. *Leguminosæ* J., *Gen.*, 345. — Gærtn., *Fruct.*, II, 301. — DC., *Mém. Légum.* (1825); *Prodr.*, II, 93. — Endl., *Gen.*, 1253. — B. H., *Gen.*, 434. — *Papilionaceæ* et *Lomentaceæ* L., *Prælect.*, ed. Gies., 415. — *Papilionaceæ* et *Cæsalpinieæ* R. Br., in *Flind. Voy.*, II, 551. — *Swartzieæ* et *Mimoseæ* Endl., *op. cit.*, 1321, 1323. — *Fabaceæ* Lindl., *Veg. Kingd.*, 544.

SOUS-FAMILLE DES MIMOSÉES

I. SÉRIE DES ADENANTHERA.

Les Condoris [1] (fig. 15-19) ont les fleurs régulières et hermaphrodites. Leur réceptacle a la forme d'un cornet creux et court, sur l'orifice duquel

Adenanthera pavonina.

Fig. 15. Port.

s'insèrent un calice court, à cinq [2] dents valvaires, et une corolle de cinq

1. *Adenanthera* L., *Gen.*, 526. — J., *Gen.*, 349. — GÆRTN., *Fruct.*, II, 149. — LAMK, *Dict.*, II, 76; *Ill.*, t. 334. — DC., *Prodr.*, II, 446. — SPACH, *Suit. à Buffon*, I, 61. — ENDL., *Gen.*, n. 6820. — B. H., *Gen.*, 590, n. 378. — *Clypearia* RUMPH., *Herb. amb.*, III, t. 109, 111, 112. — *Stachychrysum* BOJ., *Hort. maur.*, 114. — *Gonsii* BRAM., ex ADANS., *Fam. des pl.*, II, 318?

2. Les fleurs sont exceptionnellement tétramères, et très-rarement mâles, le gynécée demeurant rudimentaire.

pétales, alternes avec les dents du calice qu'ils dépassent de beaucoup, libres [1] et disposés dans le bouton en préfloraison valvaire [2]. L'androcée est formé de dix étamines, dont cinq, plus grandes, sont superposées aux dents du calice, et cinq plus courtes, alternes. Chacune d'elles a un filet

Adenanthera pavonina.

Fig. 16. Fleur.

Fig. 18. Diagramme.

Fig. 17. Fleur, coupe longitudinale.

libre [3], exsert, et une anthère biloculaire, introrse, déhiscente par deux fentes longitudinales [4], et surmontée d'un prolongement de son connectif, en forme de sphérule glanduleuse caduque. Le gynécée, inséré tout à fait au fond du réceptacle, se compose d'un seul carpelle, superposé à l'un des sépales. Son ovaire est libre, à peu près sessile, uniloculaire, atténué supérieurement en un style grêle dont le sommet stigmatifère est à peine renflé. Dans la loge ovarienne se trouve, en face d'un des pétales [5], un placenta pariétal, longitudinal, à deux lèvres verticales portant chacune une série d'ovules en nombre variable [6]; ils sont descendants, anatropes, avec le micropyle tourné en haut et en dehors. Le fruit est une gousse allongée et étroite, droite ou arquée. Son péricarpe s'ouvre suivant sa longueur, en deux valves qui ordinairement se tordent sur elles-mêmes et portent sur leur face interne des rudiments de fausses-cloisons par lesquelles les graines étaient séparées les

Adenanthera pavonina.

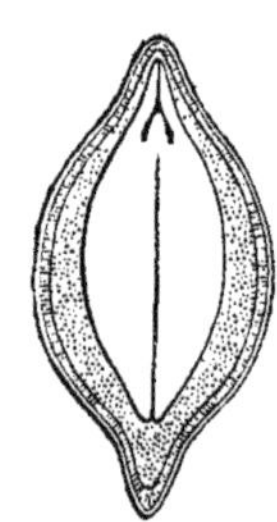

Fig. 19. Graine, coupe longitudinale.

1. Mais quelquefois collés les uns aux autres dans une étendue variable de leurs bords.

2. Ou très-légèrement imbriqués près de leur sommet.

3. Le mode d'insertion de ce filet est remarquable, et l'on s'en rendra compte en regardant la figure 17. La corolle et l'androcée se dégagent, en effet, de l'orifice supérieur d'un petit cornet commun, obconique, qui s'insère en dehors et en dessous du pied de l'ovaire; et c'est du niveau de cette insertion que se détache la base du calice, placée bien plus bas, on le voit, que le niveau où les étamines et les pétales se séparent les uns des autres. Ce mode d'insertion des verticilles floraux s'accentue davantage dans certaines autres Mimosées.

4. Le pollen est formé d'un grand nombre de grains libres, et il en est de même dans celles des Adénanthérées qui ont pu être étudiées sous ce rapport.

5. Dit le pétale *vexillaire*.

6. Il y en a cinq ou six sur chaque rangée dans l'*A. pavonina* L. (*Spec.*, 550; — JACQ., *Collect.*, IV, 212, t. 23; — DC., *Prodr.*, n. 1).

unes des autres (fig. 15). Celles-ci sont épaisses, à peu près lenticulaires, et renferment sous leurs téguments un albumen presque corné, enveloppant un gros embryon charnu. La radicule est supère et entourée par un étui plus long qu'elle, que forment les bases rapprochées et décurrentes des cotylédons auriculés (fig. 19). Les Condoris sont des arbres inermes qui habitent l'Asie, l'Australie, l'Afrique et l'Amérique tropicales. Leurs feuilles sont alternes, décomposées-bipinnées, accompagnées de deux stipules latérales. Leurs fleurs[1] sont disposées en grappes axillaires ou réunies en grappes composées au sommet des rameaux. On en connaît deux ou trois espèces[2].

Les genres qui se placent à côté des *Adenanthera* n'en diffèrent que par un petit nombre de caractères qui prennent ici une importance qu'on ne leur accorderait pas ailleurs. Mais il faut songer qu'il s'agit actuellement d'un groupe très-naturel, et que telle est l'étroite parenté des genres qui le composent, qu'autrefois ils ont tous été considérés comme des *Acacia* ou des *Mimosa*. Ces caractères différentiels sont tirés de la structure du fruit, de sa forme, de son mode de déhiscence; l'organisation de la fleur en fournit aussi quelques-uns dont la valeur est encore moins considérable.

Ainsi les *Elephantorrhiza*[3] ont tout à fait la fleur pédicellée[4] et l'inflorescence des Condoris; mais leurs fruits sont larges, aplatis, à péricarpe épais et coriace. A la maturité, les deux sutures qui bordent la gousse en dedans et en dehors demeurent en place, tandis que les deux valves du péricarpe se détachent en deux panneaux; puis chaque panneau se dédouble en deux feuillets, parce que l'endocarpe abandonne le mésocarpe qui le recouvrait. On connaît deux espèces de ce genre[5]: ce sont des sous-arbrisseaux du cap de Bonne-Espérance, à rhizome épais, à tige humble, à feuilles bipinnées, non glanduleuses. Les fleurs sont disposées en grappes, solitaires dans l'aisselle des feuilles, ou ramifiées sur certains axes qui ne portent que des bractées au lieu de feuilles. Les fleurs peuvent être polygames.

1. Elles sont ordinairement échelonnées par petits groupes de deux sur le rachis de l'inflorescence.

2. WIGHT, *Ill.*, I, t. 84 (80). — WIGHT et ARN., *Prodr.*, II, 271. — THW., *Enum. pl. Zeyl.*, 98. — BENTH., *Fl. austral.*, II, 298. — HARV. et SOND., *Fl. cap.*, II, 276, n. 2?. — H. BN, in *Adansonia*, VI, 207. — WALP., *Rep.*, V, 580; *Ann.*, IV, 613.

3. BENTH., in *Hook. Journ.*, IV, 344. — B. H., *Gen.*, 590, n. 379.

4. Le pédicelle est à peu près aussi long que celui des *Adenanthera*, dans l'*E. Burkei* BENTH.; mais il devient plus court que le calice lui-même dans l'*E. Burchellii* BENTH. (*Acacia elephantorrhiza* DC., *Prodr.*, II, 457; — *A. elephantina* BURCH., *Trav.*, II, 236; — *Prosopis elephantorrhiza* SPRENG; — *P. elephantina* E. MEY.). Les glandes qui surmontent les anthères, et qui sont supportées par un pied grêle et court, tombent très-vite dans cette espèce. Les étamines s'insèrent exactement comme celles des *Adenanthera*.

5. HARV. et SOND., *Fl. cap.*, II, 277.

Les *Stryphnodendron* [1] ont aussi les fleurs très-analogues à celles des *Adenanthera*, supportées par des pédicelles courts, comme celles de l'*Elephantorrhiza Burchellii*, ou quelquefois presque sessiles [2]. Mais leur réceptacle est déjà plus évasé que celui des genres précédents, et il est doublé d'un disque épais dont les bords présentent alternativement dix saillies et dix rentrées répondant aux étamines. Celles-ci sont insérées en dehors de ce disque. Leurs filets, exserts dans l'anthèse, sont tordus ou corrugués dans la préfloraison. Le gynécée est porté par un pied étroit, et le style est terminé par un léger renflement stigmatique. La gousse est comprimée, à parois épaisses, et à endocarpe proéminant entre les graines pour former des cloisons plus ou moins complètes. Le péricarpe finit par s'ouvrir suivant la longueur de ses deux bords. Les graines sont attachées dans son intérieur par un funicule allongé, plus ou moins replié sur lui-même. Les *Stryphnodendron* sont des arbres ou des arbustes de l'Amérique tropicale. Leurs feuilles sont bipinnées, avec des folioles ordinairement sessiles, presque aussi larges que longues, inégalement parsemées de poils. Leurs fleurs sont aussi parfois polygames; elles sont réunies en grappes axillaires, semblables à celles des *Adenanthera*. On en connaît une demi-douzaine d'espèces [3].

Les *Piptadenia* [4] ont les fleurs [5] des *Stryphnodendron*, sessiles ou supportées par de courts pédicelles [6]. Elles sont hermaphrodites ou polygames, disposées, tantôt en grappes plus ou moins allongées, tantôt en épis étirés, ou très-courts, quelquefois globuleux (capitules). Ces inflorescences sont axillaires ou terminales, pédonculées, tantôt simples, solitaires, et tantôt ramifiées. La gousse est sessile ou plus souvent stipitée, et elle s'ouvre, comme celle des *Stryphnodendron*, par deux fentes longitudinales. Mais elle ne renferme qu'une seule cavité, occupée par des graines à funicule grêle; et ses parois, membraneuses ou coriaces, ne présentent point d'épaississements ou de fausses-cloisons dans l'intervalle des semences. Dans les véritables *Piptadenia* [7], le péricarpe est mince, lisse ou réticulé. Dans les *Pytirocarpa* [8], les valves, plus épaisses, plus ou moins rugueuses à la surface, ont les bords plus ou moins rentrés

1. MART., *Herb. fl. bras.*, 117. — ENDL., *Gen.*, n. 6837 a. — B. H., *Gen.*, 590, n. 377.

2. Il y a ordinairement une articulation aux deux extrémités du pédicelle.

3. AUBL., *Guian.*, II, 938, t. 357.--VELLOZ., *Fl. flum.*, XI, t. 7. — PŒPP. et ENDL., *Nov. gen. et spec.*, III, t. 291. — WALP., *Rep.*, I, 860; V, 579.

4. BENTH., in *Hook. Journ.*, IV, 334. — B. H., *Gen.*, 589, n. 376.

5. Elles sont normalement pentamères, avec un petit réceptacle cupuliforme, à bords charnus, arrondis, des étamines corruguées dans le bouton, puis longuement exsertes, un ovaire stipité, souvent chargé de poils, des ovules descendants à micropyle supérieur et extérieur, et un style à sommet tronqué.

6. Ils sont articulés à leurs deux extrémités.

7. *Eupiptadenia* B. H., *Gen.*, 590.

8. B. H., *Gen.*, loc. cit.

dans l'intervalle des graines. Dans ces deux sous-genres, les fleurs sont disposées en grappes. Dans les *Niopa*, le fruit est le même que dans les *Pytirocarpa ;* mais les inflorescences sont des capitules; et l'on peut appeler *Piptoniopa* un quatrième petit groupe, où le fruit est celui des vrais *Piptadenia*, en même temps que les fleurs sont réunies en boules. On connaît une trentaine de *Piptadenia* [1]. Sauf deux espèces douteuses qui appartiennent à l'Afrique tropicale [2], ils sont originaires de l'Amérique tropicale. Ce sont des arbres ou des arbustes, nus ou chargés d'aiguillons, à feuilles bipinnées dont le pétiole et le rachis sont presque constamment pourvus de glandes.

Les *Plathymenia* [3] ressemblent beaucoup, par leur port et leurs inflorescences, à ceux des *Piptadenia* dont les fleurs sont en grappes, ou aux *Stryphnodendron*. Leurs fleurs sont tout à fait celles de ces derniers : même périanthe [4] et même androcée, même ovaire stipité et même disque en dedans de l'androcée. Mais leur fruit n'est, ni celui des *Piptadenia*, ni celui des *Elephantorrhiza*, ni celui des *Entada*, quoiqu'il tienne des uns et des autres. Ainsi son péricarpe ne limite qu'une seule cavité, et son exocarpe [5] s'ouvre en deux valves, suivant les deux sutures, comme dans les *Piptadenia*. Mais, comme dans les *Elephantorrhiza*, il se sépare de l'endocarpe; et ce dernier, de même que nous le verrons dans les *Entada*, se divise transversalement en autant d'articles indéhiscents qu'il contient de graines. Celles-ci sont semblables à celles des *Stryphnodendron*, et sont supportées par un funicule long et grêle. Il y a deux espèces [6] brésiliennes de ce genre. Ce sont des arbustes à feuilles bipinnées, dont le pétiole et le rachis portent ordinairement des glandes.

Les *Xylia* [7] ont les fleurs disposées en capitules globuleux, comme ceux des *Piptadenia* de la section *Niopa*, pédonculés et solitaires dans l'aisselle des feuilles ou réunis en grappes au sommet des rameaux. Chaque fleur est sessile à l'aisselle d'une bractée, souvent hermaphrodite, pentamère ou tétramère. Son réceptacle a la forme d'un petit cornet, sur les bords duquel s'insèrent un calice gamosépale à quatre ou cinq dents valvaires, une corolle dont les pétales sont également valvaires, libres ou légèrement unis inférieurement, et huit ou dix étamines

1. VELLOZ., *Fl. flumin.*, XI, t. 6, 16, 40. — K., *Mimos.*, t. 25, 30. — WALP., *Rep.*, I, 858; V, 578; *Ann.*, II, 450.

2. HOOK. F., *Niger*, 330. — H. BN, in *Adansonia*, VI, 211.

3. BENTH., in *Hook. Journ.*, IV, 333. — B. H., *Gen.*, 589, n. 375. — *Chrysoxylon* CASAR., *Nov. stirp. Decad.*, 59.

4. La corolle est quelquefois légèrement imbriquée dans sa portion supérieure.

5. C'est-à-dire, pour abréger, la somme de l'épicarpe et du mésocarpe.

6. VELLOZ., *Fl. flumin.*, IV, t. 72, ex CASAR. (?). — WALP., *Rep.*, I, 858.

7. BENTH., in *Hook. Journ.*, IV, 417. — B. H., *Gen.*, 594, n. 390.

disposées sur deux verticilles. Leurs filets sont libres; et leurs anthères, biloculaires, introrses, sont surmontées d'une petite glande stipitée qui tombe de très-bonne heure [1]. Le gynécée est le même que celui des *Adenanthera*. Le fruit est une gousse sessile, falciforme, comprimée, épaisse, ligneuse, bivalve, avec de fausses cloisons interposées aux graines, qui sont obovées et attachées par un funicule charnu. Le *X. dolabriformis* [2], seule espèce de ce genre, est un arbre élevé et inerme de l'Asie tropicale. Ses feuilles sont bipinnées, avec des folioles larges et peu nombreuses, munies d'une glande pétiolaire.

Les fleurs des *Entada* [3] sont aussi celles des *Adenanthera*, *Elephantorrhiza*, etc. Leur réceptacle a la forme d'une coupe peu profonde, doublée d'un disque glanduleux en dehors duquel s'insèrent les étamines. Leurs pétales sont libres, mais souvent collés par les bords, dans une étendue variable de leur portion inférieure. Le gynécée est sessile, ou à peu près. C'est donc en dehors de la fleur qu'il faut chercher des caractères propres à ce genre. Ils résident uniquement dans le fruit. Celui-ci est une gousse aplatie, rectiligne ou arquée suivant ses bords, à péricarpe mince, ou épais et ligneux. A l'époque de la maturité, les deux sutures marginales persistent (fig. 20), et les valves se séparent en autant d'articles qu'il y a de graines. Les lignes de séparation sont transversales et très-nettes. A leur niveau, les deux parois de l'endocarpe se touchent; celui-ci forme autant de segments rectangulaires, ordinairement allongés dans le sens transversal et persistants autour de la graine qu'ils enveloppent complétement. Les graines renferment, sous leurs téguments coriaces, un gros embryon, sans albumen. Les *Entada* sont des plantes des régions tropicales; on en connaît dix ou douze espèces [4], dont un tiers appartient

Entada polystachya.

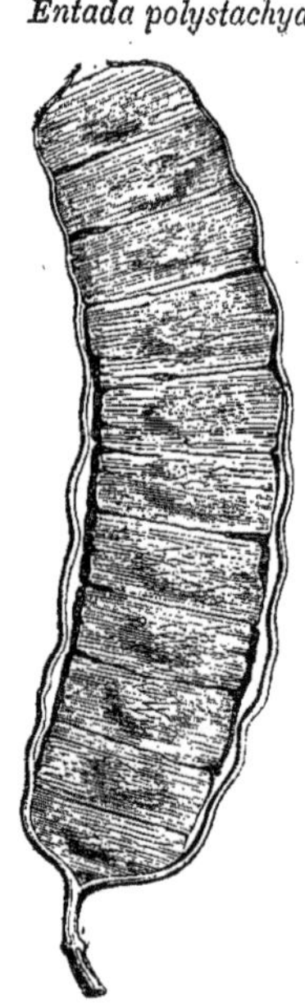

Fig. 20. Fruit.

1. L'existence de cette glande a été méconnue; de sorte que le *Xylia* a été jusqu'ici placé près des *Leucæna* dont il a l'inflorescence. Mais malgré le peu de valeur d'un semblable caractère, si on l'emploie à distinguer les Adénanthérées, et si les Eumimosées sont forcément dépourvues de cette glande apicale, il faut absolument que le *Xylia* soit intercalé dans la présente série.

2. BENTH., *loc. cit.* — WALP., *Rep.*, V, 587. — *Mimosa dolabriformis* ROXB., *Pl. coromand.*, I, t. 100.

3. ADANS., *Fam. des pl.*, II, 318. — DC., *Mém. Légum.*, 419, t. 61, 62; *Prodr.*, II, 424. — ENDL., *Gen.*, n. 6832. — B. H., *Gen.*, 589, n. 374. — *Gigalobium* P. BR., *Jamaic.*, 362. — *Pursætha* L., *Fl. zeyl.*, 644. — *Adenopodia* PRESL, *Epimel.*, 206.

4. JACQ., *Amer.*, t. 183, fig. 93. — WIGHT et ARN., *Prodr.*, I, 267. — MIQ., *Fl. ind.-bat.*, I, 75. — RICH., GUILL. et PERR., *Fl. Seneg. Tent.*, I, 233. — H. BN, in *Adansonia*, VI, 208. — HARV. et SOND., *Fl. cap.*, II, 276. — WALP., *Rep.*, I, 858; V, 578; *Ann.*, II, 450; IV, 616.

à l'Afrique, et l'autre à l'Amérique. L'une d'elles, l'*E. scandens* BENTH.[1], s'est naturalisée dans tous les pays chauds des côtes. Ce sont des arbustes ou des arbrisseaux, souvent grimpants, et qui s'accrochent à l'aide de cirres représentant les folioles extrêmes de leurs feuilles bipinnées, non glanduleuses, accompagnées de deux stipules latérales. Leurs fleurs, hermaphrodites ou polygames, sont réunies en épis grêles, ou terminaux, ou axillaires, solitaires ou géminés, ou encore rapprochés à l'extrémité des rameaux en une grande grappe commune ramifiée. Chaque fleur est articulée à sa base sur le rachis commun [2].

Les *Tetrapleura*[3] ont les mêmes inflorescences axillaires que les *Stryphnodendron* et, comme eux, les fleurs supportées par de courts pédicelles. Toutes les parties de la fleur sont, d'après la description qu'en a donnée THÖNNING[4], exactement semblables à ce que l'on connaît des *Adenanthera* et des *Entada*. Mais la gousse, qui seule, jusqu'à ce jour, a pu être étudiée dans nos collections, présente une conformation toute particulière, et suffit à distinguer ce genre des précédents. Presque rectiligne ou arquée, cette gousse, épaisse, coriace, indéhiscente, porte dans toute sa longueur quatre angles saillants ou quatre ailes à peu près égales entre elles, et c'est au fond d'un des sillons interposés que répond la suture placentaire. Les graines sont en nombre indéfini et séparées les unes des autres par un épaississement de l'endocarpe. La seule espèce connue[5] est un arbre élevé de l'Afrique tropicale occidentale. On dit que ses feuilles bipinnées sont opposées, et que ses fleurs sont réunies en grappes axillaires.

Les *Gagnebina*[6] se distinguent aisément de tous les genres qui précèdent, par des caractères, ailleurs considérables, ici d'une importance tout à fait secondaire. Leur petit réceptacle floral est en effet convexe, de sorte que l'insertion de leur périanthe et de leur androcée est parfaitement hypogyne, et leur calice est gamosépale, membraneux, à cinq dents valvaires dans le bouton. Les pétales sont au nombre de cinq, libres et valvaires; les dix étamines sont libres, et leur anthère, étroite, allongée,

1. *E. Gigalobium* DC., *Mém. Légum.*, 12; *Prodr.*, n. 1. — *E. Pursætha* DC., *loc. cit.*, n. 2. — *E. monostachya* DC., *loc. cit.*, n. 3. — *Mimosa scandens* SW., *Obs.*, 389. — ROXB., *Cat.*, 40. — *M. Entada* W., *Spec.* IV, 1041. — *Entada* RHEED, *Hort. malab.*, IX, t. 77.

2. Ordinairement le pédicelle, très-grêle, va s'insérer au fond d'une petite cavité conique dont la base de la fleur est creusée; de sorte que le bouton paraît sessile et recouvre le court pédicelle d'une sorte de coiffe ou de cloche, dont le bord libre est plus ou moins épaissi.

3. BENTH., in *Hook. Journ.*, IV, 345. — H. BN, in *Adansonia*, VI, 192, 211, t. IV, fig. 5. — B. H., *Gen.*, 590, n. 380.

4. *Beskr.*, 233.

5. *T. Thönningii* BENTH., *loc. cit.*; *Niger*, 211. — WALP., *Rep.*, V, 581. — *Adenanthera tetraptera* SCHUM. et THÖNN., *loc. cit.*

6. NECK., *Elem.*, n. 1296. — DC., *Mém. Légum.*, 423, t. 64; *Prodr.*, II, 431. — ENDL., *Gen.*, n. 6833. — B. H., *Gen.*, 591, n. 381.

sagittée, est biloculaire, introrse et surmontée d'un petit renflement glanduleux. L'ovaire est stipité ; il renferme de nombreux ovules descendants, incomplétement anatropes, disposés sur deux séries verticales. Le fruit est stipité, oblong, comprimé, légèrement arqué ou sinueux, indéhiscent. Ses deux sutures marginales sont saillantes et se prolongent du côté de leur bord libre en une aile membraneuse à contours sinueux. L'endocarpe s'avance à l'intérieur entre les graines, qui sont enveloppées chacune dans une petite logette particulière. Elles renferment sous leurs téguments un embryon charnu qu'entoure un albumen peu abondant. La seule espèce connue [1] de ce genre est un arbre de Madagascar, à feuilles bipinnées, accompagnées de deux stipules latérales, sétacées, et à rachis glandulifère. Les fleurs sont réunies en épis cylindriques, solitaires ou fasciculés, dans l'aisselle des feuilles, ou, au sommet des rameaux, dans l'aisselle de bractées qui remplacent les feuilles.

Avec les mêmes fleurs que les genres précédents, et surtout que les *Piptadenia*, les *Prosopis* [2] ont des fruits indéhiscents, comme ceux des *Gagnebina*, mais sans ailes, et avec une forme générale très-variable. Toujours leur péricarpe est coriace, avec un mésocarpe épais, spongieux ou subéreux, et un endocarpe cartilagineux, ou papyracé, continu avec les cloisons et formant souvent autour de chaque graine une sorte de noyau plus ou moins épais. Dans les espèces de la section *Anonychium* [3], la gousse est droite, dure, très-épaisse. Dans celles de la section *Adenopis* [4], elle est allongée, cylindroïde, toruleuse [5] ou irrégulièrement épaissie ou contournée [6]. Les *Algarobia* [7] ont un fruit allongé, rectiligne ou arqué, cylindrique ou comprimé, rétréci entre les graines et par conséquent moniliforme. Les *Circinaria* [8] ont une gousse non-seulement arquée, mais plus ou moins contournée en spirale ; et comme toute la spire n'est pas exactement située dans un même plan, ce fruit

1. *G. tamariscina* DC. — *G. axillaris* DC. — *Mimosa tamariscina* LAMK, *Dict.*, I, 13. — *M. pterocarpa* LAMK, *loc. cit.* — *Acacia tamariscina* W., *Spec.*, IV, 1062.

2. L., *Mantiss.*, n. 1260. — J., *Gen.*, 348. — K., *Mimos.*, 106. — DC., *Prodr.*, II, 446. — ENDL., *Gen.*, n. 6821. — B. H., *Gen.*, 591, n. 382.

3. BENTH., *Gen.*, loc. cit., 2. Cette section renferme deux espèces africaines, à ovaire velu et à pétales glabres en dedans.

4. DC., *Prodr.*, sect. I. — *Lagonychium* BIEB., *Fl. taur.-cauc.*, III, 288. — DC., *Prodr.*, II, 448. — DELESS., *Ic. select.*, III, 42, t. 75. — ENDL., *Gen.*, n. 6822. Les pétales sont aussi glabres à l'intérieur ; l'ovaire est glabre. Les rameaux sont souvent chargés d'aiguillons épars.

5. Comme dans le *P. spicigera* L. (*Mantiss.*, 68), espèce de l'Inde (BURM., *Ind.*, t. 25, fig. 3 ; — ROXB., *Pl. coromand.*, t. 63).

6. Dans une seconde espèce de l'Asie occidentale, le *P. Stephaniana* (*Lagonychium Stephanianum* BIEB., *op. cit.*, 288 ; — *Acacia Stephaniana* BIEB., *op. cit.*, II, 449).

7. BENTH., *Pl. Hartweg.*, 13. — TORR. et GR., in *Ann. Lyc. New-York*, II, t. 12 ; *Fl. N. Amer.*, 399. — K., *Mimos*, t. 33, 34. — DC., *Prodr.*, sect. II. — ENDL., *Gen.*, n. 6823.

8. B. H., *Gen.*, loc. cit., 4. Cette section n'a qu'une espèce, de l'Afrique tropicale.

sert de transition vers celui des *Strombocarpus* [1], qui est enroulé en tire-bouchon, ou lâchement et irrégulièrement, ou très-régulièrement (fig. 21) et avec des tours de spire très-étroitement appliqués les uns contre les autres. Ainsi constitué, le genre *Prosopis* renferme une quinzaine d'espèces [2] qui croissent dans les régions tropicales et subtropicales du monde entier. Ce sont des arbres ou des arbustes, inermes ou épineux, à feuilles bipinnées, avec ou sans stipules, et des pétioles pourvus ou dépourvus de glandes. Leurs fleurs sont réunies en épis, ordinairement axillaires, cylindriques, ou plus rarement globuleux ou ovoïdes.

Prosopis (Strombocarpus) strombulifera.

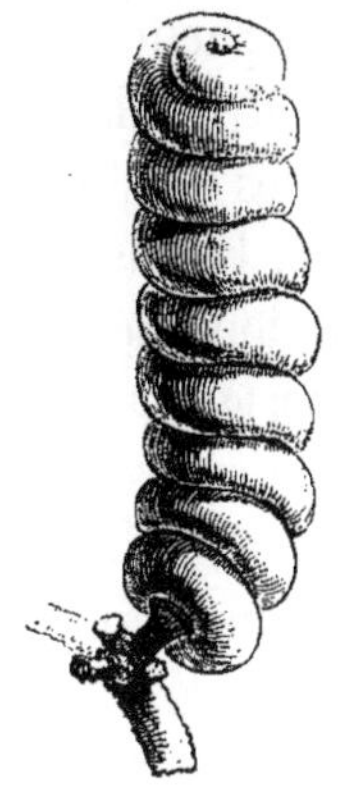

Fig. 21. Fruit.

Le *Xerocladia* [3] est un petit arbuste rameux à stipules spinescentes, recourbées, dont le port est celui de plusieurs *Strombocarpus*, et dont les fleurs sont réunies en capitules globuleux, pédiculés et axillaires. Mais leur ovaire sessile ne renferme qu'un seul [4] ovule, et devient, dit-on, un fruit monosperme, indéhiscent, ovale-falciforme ou semi-orbiculaire, aplati, avec la suture inférieure arquée, développée en aile. Le *X. Zeyheri* HARV. est la seule espèce connue du genre, et se trouve au cap de Bonne-Espérance.

Le nom de *Dichrostachys* [5] vient de l'apparence que donnent aux inflorescences épanouies, les fleurs de deux sortes qu'on observe dans ce genre. Celles de la portion supérieure de l'épi [6] sont fertiles, hermaphrodites, semblables à celles des *Gagnebina*. Celles de la base, au contraire, sont neutres, ou mâles [7], certaines de leurs étamines, très-allongées, portant des anthères qui renferment du pollen; mais le gynécée y demeurant stérile et rudimentaire. Dans les fleurs hermaphrodites, les étamines, bien plus courtes, ont une insertion hypogynique; et leurs anthères sont surmontées d'une glande globuleuse que supporte un pied filiforme et relativement allongé. Le fruit est une gousse, à cavité unique, comprimée, plus ou moins irrégulièrement contournée sur elle-même.

1. A. GRAY, *Pl. Lindheym.*, I, 35. — TORR., in *Frem. Rep.*, t. 1. — BENTH., *Gen.*, loc. cit., 5. — WALP., *Ann.*, IV, 614. Cinq espèces américaines forment cette section.

2. WALP., *Rep.*, I, 861; X, 582; *Ann.*, I, 259.

3. HARV., *Fl. cap.*, II, 278. — B. H., *Gen.*, 591, n. 383 (genre fort douteux).

4. «1 (v. 2-)*ovulatum*» (B. H., *loc. cit.*).

5, DC., *Mém. Légum.*, 428, t. 67; *Prodr.*, II, 445. — WIGHT et ARN., *Prodr.*, I, 271. — B. H., *Gen.*, 592, n. 384. — *Caillea* GUILL. et PERR., *Fl. Seneg. Tent.*, I, 239. — ENDL., *Gen.*, n. 6826.

6. Son axe se renfle dans cette portion. Sa surface est creusée de fossettes dans lesquelles s'insèrent les fleurs placées dans l'aisselle d'une bractée étroite.

7. Elles sont blanches, lilas ou rouges, tandis que les fleurs supérieures sont jaunes.

à péricarpe coriace, indéhiscent ou irrégulièrement déhiscent par la séparation de ses valves et de ses sutures. Les graines sont celles des *Adenanthera*, mais plus allongées, obovées, et leur embryon est accompagné d'un albumen coriace. On connaît quatre ou cinq espèces de ce genre[1], l'une africaine, la seconde australienne, les autres asiatiques. Ce sont des arbustes à rameaux souvent avortés en partie et transformés en épines, à feuilles alternes, bipinnées, à épis solitaires ou géminés, souvent penchés, ordinairement portés sur des rameaux particuliers, à feuilles très-rapprochées les unes des autres et insérées avec de nombreuses bractées vers la base de ces petits axes terminés en épine.

Par leurs inflorescences, les *Neptunia*[2] se rapprochent beaucoup des *Dichrostachys ;* car leurs épis courts sont supportés par un long pédoncule axillaire ; et leurs fleurs inférieures sont différentes des supérieures, stériles et pourvues de longues lames pétaloïdes exsertes qui sont des staminodes membraneux, avec ou sans rudiments d'anthère à leur sommet. Les fleurs du sommet sont au contraire hermaphrodites, bien moins volumineuses et ordinairement d'une couleur beaucoup moins vive. Elles ont un calice gamosépale, à cinq dents valvaires, cinq pétales valvaires, dix étamines à glande apicale, et un ovaire à ovules descendants, disposés en nombre variable sur deux rangées verticales[3]. Quant aux fleurs de la base, elles sont sans gynécée ou n'en possèdent plus qu'un rudiment, et le périanthe est relativement bien moins développé ; on ne voit pour ainsi dire que leurs grandes étamines pétaloïdes[4]. Le fruit est une gousse oblongue, inclinée sur son pied, comprimée, coriace, bivalve, avec des fausses-cloisons interposées aux graines, qui sont ovales et comprimées. Les *Neptunia* ont un port tout particulier. Ce sont des plantes herbacées ou suffrutescentes, souvent nageantes, à rameaux épais, comprimés ou triquètres, chargés ordinairement de racines adventives. Leurs feuilles sont alternes, bipinnées, à stipules membraneuses, obliquement cordiformes. Ces feuilles et les inflorescences viennent, dans les espèces plus

1. ROXB., *Pl. coromand.*, t. 174. — WIGHT, *Icon.*, t. 357. — BENTH., in *Hook. Journ.*, IV, 353 ; *Fl. austral.*, II, 299. — HARV. et SOND., *Fl. cap.*, II, 278. — WALP., *Rep.*, I, 863 ; *Ann.*, IV, 615.

2. LOUR., *Fl. cochinch.*, éd. 1 (1790), 654. — DC., *Prodr.*, II, 445. — ENDL., *Gen.*, n. 6828, a. — B. H., *Gen.*, 592, n. 385. La plupart des auteurs n'ont fait de ce genre qu'une section des *Desmanthus ;* mais ceux-ci n'ont pas les anthères surmontées d'une glande.

3. Le style jeune a la forme d'un large entonnoir dont les bords sont papilleux. Plus tard il s'allonge beaucoup, de façon que le renflement stigmatifère terminal devient relativement peu prononcé.

4. Il y a en réalité trois sortes de fleurs dans beaucoup d'espèces : des fleurs hermaphrodites au sommet, des fleurs sans gynécée et portant un rudiment d'ovaire à la base, avec de larges filets staminaux pétaloïdes, tout à fait stériles ; puis, entre les deux, des fleurs qui ont une partie des étamines fertiles, avec des filets plus ou moins allongés et aplatis.

ou moins plongées dans l'eau, s'étaler et s'épanouir à la surface. On connaît sept ou huit espèces de ce genre [1]; elles habitent les régions chaudes des deux Amériques, de l'Asie et de l'Afrique.

II. SÉRIE DES MIMEUSES.

Les Mimeuses [2] (fig. 22, 23) ont les fleurs polygames [3], ou plus ordinairement hermaphrodites. Dans les deux cents espèces au moins que renferme ce genre, on observe des variations assez considérables dans

Mimosa pudica.

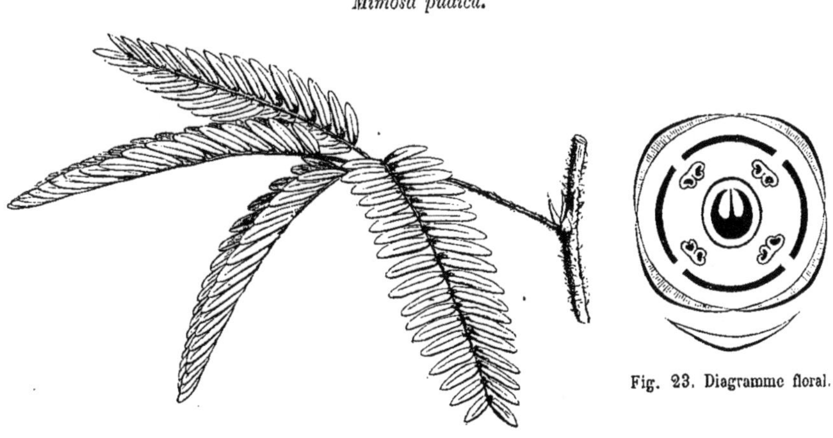

Fig. 22. Rameau.

Fig. 23. Diagramme floral.

la structure des fleurs. Si, par exemple, on analyse celles de la Sensitive (*Mimosa pudica* [4]), on voit que leur réceptacle a la forme d'un très-petit cône renversé, sur la base duquel s'insèrent un calice, une corolle et un androcée tétramères, et un gynécée unicarpellé. Le calice est très-court, gamosépale, membraneux, à quatre dents, valvaires dans la préfloraison, dont deux sont antérieures et deux postérieures. La corolle est beaucoup

1. MILL., *Icon.*, t. 282. — ROXB., *Pl. coromand.*, t. 119. — JACQ. F., *Eclog.*, t. 50. — H. B. K., *Nov. gen. et spec.*, I, t. 16. — WIGHT, *Icon.*, t. 756. — *Bot. Mag.*, t. 4695. — *Bot. Reg.* (1846), t. 3. — RICH., GUILL. et PERR., *Fl. Seneg. Tent.*, I, 238. — WALP., *Rep.*, I, 863; V, 583; *Ann.*, IV, 614.

2. *Mimosa* L., *Gen.*, n. 1158 (part.). — ADANS., *Fam. des pl.*, II, 3119. — J., *Gen.*, 346. — POIR., *Dict.*, Suppl., I, 49. — GÆRTN., *Fruct.*, II, 344. — K., *Mimos.*, 1. — DC., *Prodr.*, II, 425. — SPACH, *Suit. à Buffon*, I, 51. — ENDL., *Gen.*, n. 6831. — B. H., *Gen.*, 593, n. 387.

3. Ordinairement 4-5-mères, plus rarement 3 ou 6-mères.

4. L., *Spec.*, 1501. — H. B. K., *op. cit.*, VI, 252. — DC., *Prodr.*, II, 426, n. 12.

plus longue, tubuleuse, à quatre folioles, valvaires, alternes avec les divisions du calice, et unies par leurs bords dans une étendue variable. Les étamines sont alternipétales, insérées sous le pied de l'ovaire, à filets libres, repliés sur eux-mêmes dans le bouton, longuement exserts dans l'anthèse, et à anthères biloculaires, introrses [1], déhiscentes par deux fentes longitudinales. L'ovaire, stipité, uniloculaire, terminé par un long style dont le sommet stigmatifère n'est pas dilaté, contient quatre ovules, insérés deux par deux sur un placenta pariétal, oppositipétale et postérieur (fig. 23). Les ovules sont descendants, anatropes, avec le micropyle dirigé en haut et en dehors. Le fruit est une gousse, dont le péricarpe est entouré d'un cordon marginal continu, chargé d'aiguillons mous. Les deux valves, glabres, s'en séparent dans toute leur longueur, tout en se partageant transversalement en autant d'articles qu'il y a de graines. Celles-ci renferment sous leurs téguments un embryon charnu, entouré d'un albumen assez abondant.

Toutes les Mimeuses qui se rapprochent de celle-ci par l'isostémonie de leurs fleurs appartiennent à une section spéciale du genre, celle des *Eumimosa* [2]. Leurs fleurs sont rarement trimères, plus souvent penta ou hexamères. Leur gousse se sépare en articles monospermes, et son cordon marginal est glabre ou pourvu d'aiguillons peu rigides. Toutes sont des herbes ou des arbustes de l'Amérique tropicale [3]. Leurs feuilles (fig. 22) sont alternes, bipinnées, sensitives [4], avec un pétiole non glanduleux; et leurs fleurs sont rapprochées en épis plus ou moins courts ou en capitules globuleux, diversement placés eux-mêmes sur la plante [5]. Chaque fleur occupe, d'ailleurs, l'aisselle d'une bractée. Quelquefois le calice, très-peu développé, est réduit à quelques soies courtes, ciliées.

Dans tous les autres *Mimosa*, l'androcée est diplostémoné, et l'on

1. Presque latérales; leurs loges sont comme suspendues au sommet du filet. Le pollen est en grains nombreux, comme celui des *Adenanthera*.

2. DC., *Mém. Légum.*, 12; *Prodr.*, sect. I.

3. Elles sont au nombre de plus de cent. VELLOZ, *Fl. flum.*, XI, t. 31, 33, 34. — H. B. K., *Nov. gen. et spec.*, VI, 248. — K., *Mimos.*, t. 1-5. — HOOK., *Icon.*, t. 373. — *Bot. Reg.*, t. 25, 941. — KARST., *Fl. columb.*, t. 130, 131.

4. Sous différentes influences, notamment sous celle d'un choc, d'un attouchement, plusieurs espèces ont des feuilles qui se replient brusquement sur elles-mêmes. Dans le *M. pudica*, les folioles se relèvent et s'appliquent en s'imbriquant les unes sur les autres; les pétioles secondaires se rapprochent les uns des autres, et le pétiole principal s'abaisse sur le rameau.

5. Les inflorescences sont souvent axillaires. Dans le *M. floribunda* W., et un grand nombre d'espèces voisines, il y a deux capitules pédonculés dans l'aisselle d'une feuille; ils sont en réalité insérés sur un petit rameau axillaire qui se termine entre eux par un bourgeon. Dans le *M. pudica*, ce court rameau axillaire est terminé par un bourgeon, et il porte : d'abord un capitule à droite et un autre à gauche, au-dessus des stipules de la feuille axillante; puis un troisième capitule entre le premier et le petit bourgeon, un quatrième entre le second et ce même bourgeon, et ainsi de suite. Au sommet des rameaux de certaines espèces, il n'y a plus que des bractées au lieu de feuilles; on a, dans ce cas, des grappes terminales de capitules ou d'épis.

trouve des étamines oppositipétales, outre celles dont nous avons parlé. Le nombre des parties de la fleur varie de trois à cinq ou six, mais il est le plus fréquemment de quatre ou de cinq. Dans les uns, qui forment la section *Habbasia* [1], les gousses se séparent en articles, comme dans les *Eumimosa;* les cordons marginaux sont nus ou chargés d'une rangée d'aiguillons souvent arqués. Ce sont des arbres ou des arbustes, parfois grimpants, rarement des herbes, de l'Amérique, de l'Asie et de l'Afrique tropicales. Leurs feuilles, glanduleuses ou dépourvues de glandes, ont des soies allongées, rigides, interposées aux pinnules [2]. Dans les autres, au contraire, les valves du fruit tombent d'une seule pièce; les pétioles sont presque toujours sans glandes et sans soies entre les pinnules; les feuilles sont même quelquefois absentes ou remplacées par des phyllodes. Ce sont des arbres, ou rarement des herbes américaines; on en a formé la section *Ameria* [3].

Les *Schranckia* [4] ont les fleurs semblables à celles des *Mimosa*, avec les mêmes variations dans le nombre de toutes les parties [5]. Mais leurs gousses, dont la surface extérieure est chargée d'aiguillons, s'ouvrent d'une façon toute particulière, en quatre panneaux séparés les uns des autres par quatre fentes longitudinales. Deux de ces panneaux sont latéraux et ordinairement plus étroits que les deux autres; ils répondent aux valves de la plupart des gousses de Légumineuses. Les deux autres, malgré leur largeur, représentent les bords dorsal et ventral. Ce dernier porte les graines [6] attachées sur le milieu de sa face interne par un funicule très-grêle. Ce genre renferme une dizaine d'espèces connues [7]; ce sont des herbes ou des sous-arbrisseaux, chargés d'aiguillons, avec des feuilles bipinnées de *Mimosa*. Leurs inflorescences sont axillaires, en épis courts et globuleux dans les *Euschranckia* [8], allongés et cylindriques dans les espèces de la section *Rhodostachys*.

1. DC., *op. cit.*, 428, sect. II (incl. *Batau-colon* DC., *op. cit.*, 428, sect. III).

2. Cette section comprend une soixantaine d'espèces. CAV., *Icon.*, t. 295. — ROXB., *Pl. corom.*, t. 200. — VELLOZ., *op. cit.*, XI, t. 35. — K., *Mimos.*, t. 6-10, 23. — DC., *Mém. Légum.*, t. 63. — HOOK., *Icon.*, t. 456. — KARST., *op. cit.*, t. 132, 133.

3. BENTH., *loc. cit.* On en connaît une cinquantaine d'espèces. K., *op. cit.*, t. 26. — REICHB., *Icon. exot.*, t. 63. — *Bot. Reg.* (1842), t. 33. Pour les espèces du genre en général, voy. WALP., *Rep.*, I, 864; II, 905; *Ann.*, I, 260; II, 450; IV, 615.

4. W., *Spec.*, IV, 1041 (nec MEDIK). — DC., *Prodr.*, II, 443. — ENDL., *Gen.*, n. 6829. — B. H., *Gen.*, 593, n. 388. — *Leptoglottis* DC., *Mém. Légum.*, 451.

5. Leurs pétales sont ordinairement unis dans une plus grande étendue et forment quelquefois une corolle en entonnoir (ordinairement rose). Il y a des fleurs polygames.

6. Elles sont anguleuses, comprimées les unes contre les autres aux deux extrémités.

7. Toutes sont américaines, sauf une seule qui se retrouve dans l'Afrique tropicale occidentale. — VENT., *Choix de plant.*, t. 28. — WALP., *Rep.*, I, 883; V, 586; *Ann.*, I, 263; II, 451.

8. C'est dans cette section seulement que les fleurs ne sont pas constamment pentamères.

Les *Leucæna*[1] ont des fleurs pentamères de *Mimosa* diplostémoné, avec un calice gamosépale, à dents valvaires, et cinq pétales, alternes, libres, ne se touchant même pas par leur base rétrécie, valvaires dans leur portion supérieure. Leurs dix étamines, superposées, cinq aux pétales, et cinq aux divisions du calice, ont un filet libre, inséré sous l'ovaire, et une anthère introrse, biloculaire, non glandulifère. L'ovaire, supporté par un pied court, est multiovulé, surmonté d'un style à extrémité stigmatifère dilatée et creuse. La gousse est aplatie, rectiligne, à péricarpe rigide et s'ouvrant simplement en deux valves longitudinales. Les graines, un peu obliques, ne sont pas séparées les unes des autres par des fausses-cloisons complètes. Les *Leucæna* sont des arbres et des arbustes inermes; on en connaît sept ou huit espèces[2], qui habitent les portions chaudes de l'Amérique, sauf une seule qui, originaire de l'océan Pacifique, s'est répandue dans tous les pays chauds du globe. Leurs feuilles sont alternes, bipinnées, avec un pétiole souvent glanduleux. Leurs fleurs sont réunies en capitules globuleux et pédonculés, tantôt rapprochés en grappes, tantôt naissant au nombre de deux d'un très-court rameau axillaire, presque complétement abortif. Chaque fleur occupe l'aisselle d'une bractée étirée à sa base et renflée vers son sommet.

Les *Desmanthus*[3] ont des fleurs de petite taille, construites comme celles des *Leucæna* et presque toujours pentamères. Leurs pétales sont libres ou unis entre eux, et leurs étamines sont quelquefois au nombre de cinq seulement. Le fruit est linéaire, rectiligne, ou légèrement arqué dans l'espèce dont on a fait le genre *Darlingtonia*[4]; il s'ouvre suivant sa longueur en deux valves; et les graines, obliques, en nombre variable, ne sont séparées les unes des autres que par des saillies incomplètes du péricarpe. Mais les *Desmanthus* ont un port fort particulier; ce sont des herbes ou de petites plantes suffrutescentes, à feuilles bipinnées, avec des stipules sétacées, persistantes, et souvent une glande pétiolaire au niveau de la paire inférieure des folioles. Les fleurs sont réunies en petits capitules, globuleux ou ovoïdes, souvent pauciflores, axillaires, solitaires et pédonculés. Leurs fleurs sont, ou toutes hermaphrodites, ou polygames; celles de la base du capitule peuvent être mâles ou même

1. BENTH., in *Hook. Journ.*, IV, 416. — B. H., *Gen.*, 594, n. 389.

2. JACQ., *Hort. schœnbr.*, t. 394. — DC., *Prodr.*, II, 467, n. 192. — WALP., *Rep.*, I, 884; V, 586; *Ann.*, I, 263; IV, 616.

3. W., *Spec.*, IV, 1044 (part.). — GÆRTN., *Fruct.*, II, t. 148. — K., *Mimos.*, 115. — DC., *Prodr.*, II, 443 (sect. II, *Desmanthea*, excl. sect. I, III). — ENDL., *Gen.*, n. 6828 (part.). — B. H., *Gen.*, 592, n. 386.

4. DC., in *Ann. sc. nat.*, sér. 1, IV, 97; *Mém. Légum.*, 427, t. 66; *Prodr.*, II, 443. — TORR. et GR., *Fl. N. Amer.*, I, 501. — ENDL., *Gen.*, n. 6820. — *Mimosa glandulosa* MICHX, *Fl. bor. amer.*, II, 254. — VENT., *Ch. de pl.*, t. 27.

neutres. Dans ce cas, ces dernières ont souvent une corolle peu développée et des staminodes allongés et pétaloïdes. Par ce trait, les *Desmanthus* se rapprochent beaucoup des *Neptunia*, dont ils n'ont ni les anthères couronnées d'une glande, ni le singulier mode de végétation. Mais il n'y en a pas moins là un point commun où viennent presque se confondre les deux séries des Mimeuses et des Adénanthérées. Les sept ou huit *Desmanthus* connus habitent l'Amérique du Nord et du Sud, sauf une seule espèce [1], qui se trouve largement répandue dans toutes les régions tropicales [2].

III. SÉRIE DES PARKIA.

Les *Parkia* [3] (fig. 24-27) ont les fleurs hermaphrodites et neutres, ou polygames; c'est-à-dire que dans les singulières inflorescences pyriformes de ces plantes (fig. 24), les fleurs qui occupent l'aisselle des bractées inférieures sont mâles ou n'ont que des organes des deux sexes avortés, et les fleurs de la portion supérieure et renflée sont hermaphrodites. Dans ces dernières, le réceptacle porte un long calice tubuleux, divisé supérieurement en cinq lobes fort inégaux et imbriqués en quinconce dans le bouton. Les divisions 1 et 3, qui sont antérieures, sont les plus grandes de toutes, et la division 2, qui est postérieure, est elle-même plus développée que les lobes 4 et 5. Les pétales sont au nombre de cinq, alternes avec les divisions du calice, égaux entre eux, libres ou unis inférieurement en tube, valvaires dans le bouton. L'androcée est formé de dix étamines, superposées, cinq aux divisions du calice, et cinq à celles de la corolle. Leurs filets forment inférieurement un tube qui est uni dans une certaine étendue avec les pétales, puis qui devient indépendant, avant de se partager en dix languettes linéaires, exsertes, supportant chacune une anthère biloculaire, introrse, surmontée d'une petite glande, et déhiscente par deux fentes longitudinales. Le gynécée est central, libre, formé d'un ovaire sessile ou stipité, uniloculaire, renfermant des ovules anatropes en nombre indéfini, insérés suivant deux séries parallèles sur un placenta pariétal, et surmonté d'un style terminal, exsert, à extrémité stigmati-

1. *D. virgatus* W., *Spec.*, IV, 1047. — DC., *Prodr.*, n. 10. — *Mimosa virgata* L., *Spec.*, 1502. — JACQ., *Hort. vindob.*, t. 80.

2. K., *Mimos.*, t. 35. — JACQ., *loc. cit.* — HOOK., in *Bot. Mag.*, t. 2454. — WALP., *Rep.*, I, 864; *Ann.*, I, 260.

3. R. BR., in *Oudn.*, *Denh. et Clapp. App.*, 234. — RICH., GUILL. et PERR., *Fl. Seneg. Tent.*, I, 237. — ENDL., *Gen.*, n. 6849. — BENTH., in *Hook. Journ.*, IV, 329. — REICHB., *Fl. exot.*, t. 231. — B. H., *Gen.*, 588, n. 373. — *Parypospæra* KARST., *Fl. columb.*, II, 7, t. 104.

fère tronquée ou à peine dilatée. Le fruit est une gousse étroite, allongée, rectiligne ou arquée, déhiscente en deux valves, et renfermant, dans une pulpe subéreuse, des graines en nombre variable. Celles-ci contiennent sous leurs téguments un embryon charnu, à cotylédons épais et à radicule enveloppée par la base décurrente des cotylédons. Les *Parkia* sont des

Parkia biglobosa.

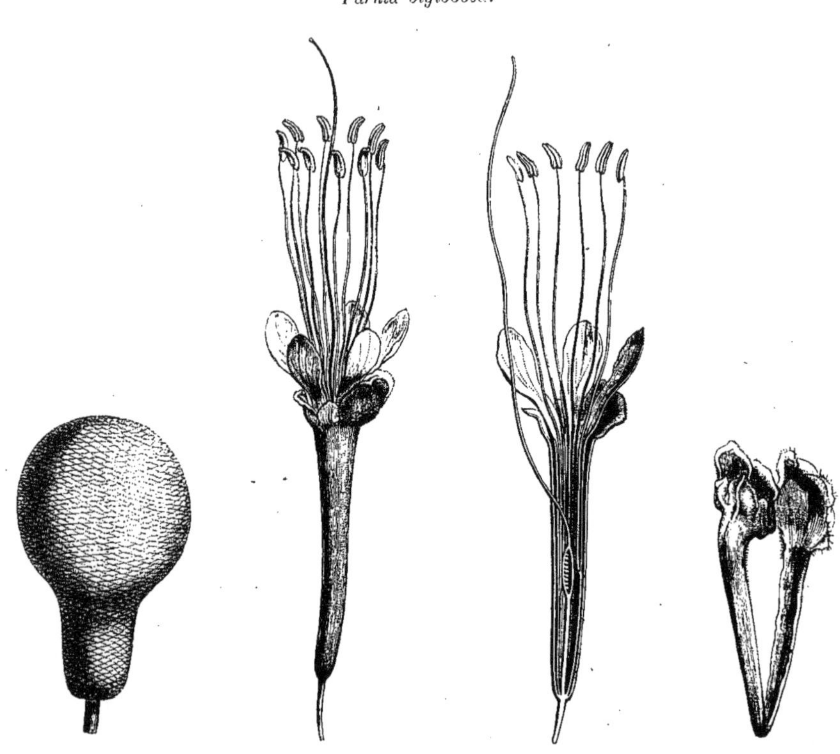

Fig. 24. Inflorescence ($\frac{3}{2}$). Fig. 25. Fleur ($\frac{5}{1}$). Fig. 26. Fleur, coupe longitudinale. Fig. 27. Bouton jeune, et sa bractée axillante ($\frac{4}{1}$).

arbres de l'Asie, de l'Afrique et de l'Amérique tropicales ; on en connaît sept ou huit espèces[1]. Leurs feuilles sont alternes, bipinnées, et leurs inflorescences sont singulières. Elles consistent en une sorte de capitule, globuleux ou pyriforme (fig. 24), porté au bout d'un long pédoncule nu, ou solitaire, axillaire, pendant, ou rapproché de plusieurs autres pédoncules analogues pour former une sorte de grappe terminale. Des brac-

1. W., *Spec.*, IV, 1025. — DC., *Prodr.*, II, 442, n. 106. — PAL. BEAUV., *Fl. ow. et ben.*, II, 53, t. 90. — JACQ., *Stirp. amer.*, t. 179, fig. 87. — SAB., in *Trans. Hort. Soc.*, V, 444. — ROXB., *Fl. ind.*, II, 551. — W. et ARN., *Prodr.*, I, 279. — MIQ., *Fl. ind.-bat.*, Suppl., I, 283. — WALP., *Rep.*, I, 857 ; *Ann.*, II, 449 ; IV, 612.

tées alternes, très-étroitement imbriquées, occupent toute la portion renflée de ces inflorescences. A l'aisselle de chacune d'elles se trouve une fleur comprimée (fig. 27), qui plus tard se dégage de l'intervalle des bractées et étale au dehors, si elle est fertile, ses anthères et son style allongé. Dans les fleurs de la base des capitules, on voit sortir des staminodes colorés[1] et monadelphes; le gynécée est tout à fait absent, ou réduit à un petit ovaire sessile, rudimentaire.

Les *Pentaclethra*[2] ont aussi des fleurs pentamères, avec un calice imbriqué et une corolle valvaire. Elles sont hermaphrodites ou dioïques. Le calice, inséré tout à fait à la base de la fleur, forme un sac dont l'ouverture supérieure est seule partagée en cinq dents profondes et obtuses au sommet, se recouvrant largement entre elles. En dedans, se trouve une cavité en forme de cornet à parois épaisses, dont se dégagent, à une certaine hauteur seulement, le limbe de la corolle et les étamines[3]. Cette cavité est doublée intérieurement d'un disque glanduleux, à dix lobes ou crénelures, de forme variable. Quant à l'androcée, il se compose dans le *P. filamentosa*[4], espèce de l'Amérique tropicale, de dix étamines, monadelphes à la base et superposées, cinq aux pétales, et cinq aux divisions du calice. Ces dernières sont seules fertiles, formées d'un filet libre dans sa portion supérieure, et d'une anthère biloculaire, introrse, déhiscente par deux fentes longitudinales, et surmontée d'une large glande déprimée. Quant aux cinq autres étamines, ce sont de très-longues et très-étroites languettes exsertes, complétement stériles. Dans le *P. macrophylla*[5], qui croît au contraire dans l'Afrique tropicale occidentale, il y a un plus grand nombre de pièces à l'androcée, savoir: cinq étamines fertiles, alternipétales, et dont l'anthère porte une glande intérieure, interposée à ses deux loges, et, au lieu de chaque staminode oppositipétale, deux ou trois languettes grêles, subulées et bien plus courtes que dans l'espèce américaine. Le gynécée est inséré tout au fond du cornet qui se trouve à la base de la corolle. Dans les fleurs mâles, ce n'est qu'un petit ovaire rudimentaire. Dans les fleurs femelles ou hermaphrodites, c'est un long ovaire sessile, à ovules nombreux, descendants, insérés sur deux séries verticales, et surmonté d'un style à tête stigmatifère un peu dilatée et concave. Le fruit est une grande gousse comprimée, à paroi

1. En blanc ou en rouge, tandis que les fleurs supérieures sont jaunâtres, brunâtres ou rougeâtres.

2. BENTH., in *Hook. Journ.*, II, 127; IV, 330. — B. H., *Gen.*, 588, 1004, n. 372. — H. BN, in *Adansonia*, VI, 204. — OLIV., in *Trans. Linn. Soc.*, XXIV, 415, t. 37.

3. De sorte qu'il y a quelque doute sur la signification morphologique de la base de ce tube.

4. BENTH., *loc. cit.*, n. 1, 2. — WALP., *Rep.*, I, 857.

5. BENTH., *loc. cit.*, IV, 330. — *Owala* des Gabonais.

ligneuse très-épaisse, s'ouvrant en deux valves qui se recourbent en dehors avec une force élastique considérable. Les graines, en nombre variable, aplaties, à contour irrégulièrement ovale, renferment sous des téguments coriaces un gros embryon comprimé, charnu, dépourvu d'albumen, et dont les cotylédons, décurrents à leur base, entourent la radicule d'une sorte d'étui presque complet. Les *Pentaclethra* sont des arbres à feuilles alternes, bipinnées, à folioles nombreuses, à stipules lancéolées et à stipelles sétacées. Leurs fleurs sont disposées en épis ramifiés. Outre les deux espèces dont nous venons de parler, l'Afrique tropicale occidentale en produit une troisième qui n'a été rapportée qu'avec doute à ce genre : c'est le *P.? Griffoniana* [1].

IV. SÉRIE DES ACACIAS.

Les Acacias [2] (fig. 28-35) ont les fleurs régulières et hermaphrodites ou polygames. Dans les premières, le réceptacle est convexe ou plus ou moins concave. Il supporte un calice de cinq, ou plus rarement de quatre, ou même de trois folioles, unies entre elles dans une étendue variable, valvaires dans le bouton, rarement réduites à de petites languettes ou à de petits cils. La corolle est formée d'un même nombre de pétales valvaires, libres ou unis dans une étendue variable [3]. Les étamines sont en nombre indéfini, ordinairement très-considérable, insérées sous le gynécée, ou à une certaine hauteur, au-dessus de sa base, sous les bords de la coupe réceptaculaire, ou même en dehors d'une cupule glanduleuse qui double la concavité du réceptacle et la dépasse plus ou moins. Leurs filets sont libres, ou plus rarement unis inférieurement, dans une étendue peu considérable, en un ou plusieurs faisceaux. Leurs anthères sont biloculaires, introrses, déhiscentes par deux fentes longitudinales [4].

1. H. BN, in *Adansonia*, VI, 205.

2. *Acacia* T., *Instit.*, 605, t. 375. — ADANS., *Fam. des pl.*, II, 319. — J., *Gen.*, 346. — NECK., *Elem.*, n. 1297. — LAMK, *Dict.*, I, 8. — W., *Spec.*, IV, 1049. — K., *Mimos.*, 74. — DC., *Prodr.*, II, 448. — SPACH, *Suit. à Buffon*, I, 63. — ENDL., *Gen.*, n. 6834. — B. H., *Gen.*, 594, n. 391. — H. BN, in *Adansonia*, IV, 45.

3. Soit parce que la corolle est gamopétale, soit parce que ses pièces sont simplement collées bord à bord jusqu'à une certaine hauteur.

4. Le pollen a, dans cette série en général, une structure particulière, et présente ce que M. H. MOHL a appelé (in *Ann. sc. nat.*, sér. 2, III, 229, t. 10, 11, fig. 42, 43) « la forme des Mimosées ». D'après lui, « chaque grain de pollen particulier (et il n'y en a que huit dans une anthère) est formé de seize cellules qui sont liées entre elles et disposées de telle sorte que, dans le milieu de chaque grain, se trouvent deux couches, chacune de quatre cellules, et que le pourtour est formé d'un rang de huit cellules ; de manière que le grain entier a la forme lenticulaire. » D'autres grains seraient formés de huit cellules, dont quatre supérieures alterneraient avec les quatre inférieures. M. S. ROSANOFF (in

Le gynécée est unicarpellé, avec un ovaire sessile ou stipité, uniloculaire, surmonté d'un style terminal, à extrémité stigmatifère, dilatée ou

Acacia arabica.

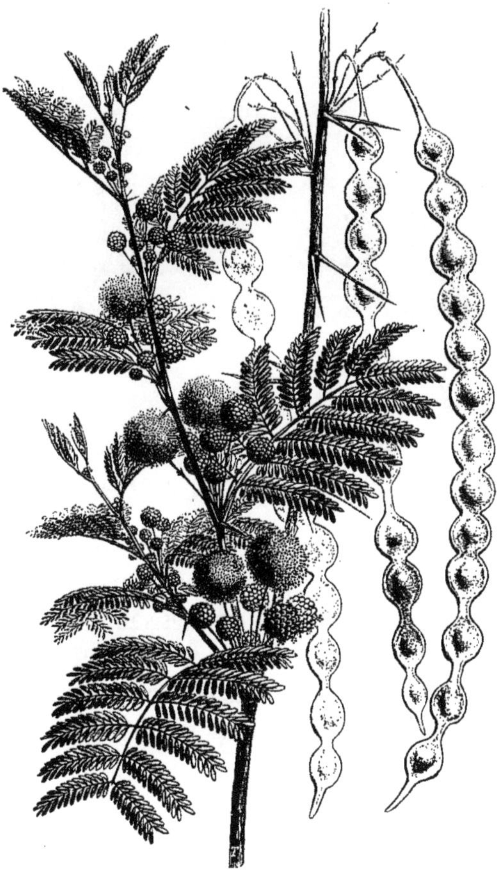

Fig. 28. Port ($\frac{2}{3}$).

non, convexe ou concave au sommet [1]. Dans l'ovaire se voit un placenta pariétal, superposé à un pétale, supportant deux séries verticales d'ovules descendants, qui sont en nombre variable (depuis un jusqu'à une ving-

Jahrb. f. wiss. Bot., IV, 441) a vu que, dans une loge d'*Acacia* vidée de son pollen, il y a quatre excavations séparées par des cloisons formant la croix. Les quatre cellules qui leur correspondaient étaient quatre cellules-mères des grains polliniques composés. Ces cellules se divisent, suivant lui, par des cloisons centripètes, nées du contour de la cellule-mère. Plus tard, il y a résorption partielle et transformation granuleuse des couches interposées aux cellules-mères. M. BENTHAM (*Gen.*, 464) décrit les grains de pollen des Acacias comme agrégés dans chaque loge, au nombre de deux à six. Dans les espèces de la section *Albizzia*, M. H. MOHL paraît avoir observé d'une manière constante le nombre de huit grains dans chaque anthère.

1. Le sommet du style est ordinairement replié sur lui-même d'une façon variable dans le bouton, de même que les filets staminaux auxquels il se trouve interposé.

taine) dans chaque série; plus ou moins complétement anatropes[1], avec le micropyle extérieur et supérieur. Le fruit est une gousse, ovale ou oblongue, linéaire, droite, arquée ou plus ou moins contournée, cylindrique, convexe ou plane, membraneuse, coriace ou ligneuse, bivalve ou

Acacia Catechu.

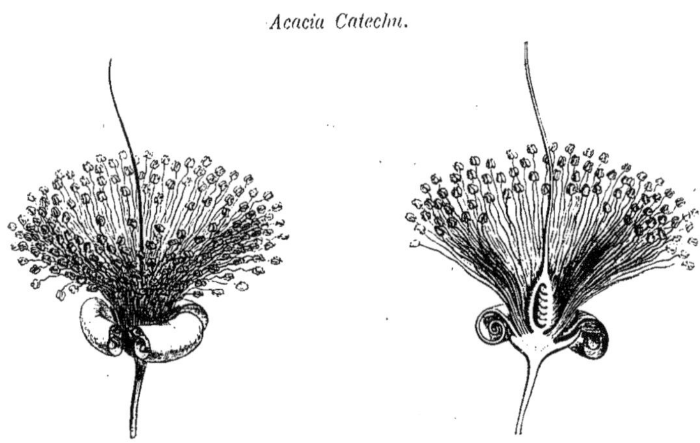

Fig. 29. Fleur ($\frac{4}{1}$). Fig. 30. Fleur, coupe longitudinale.

indéhiscente, à cavité continue ou divisée en logettes par des fausses-cloisons interposées aux graines, rarement partagée en articles transversaux lors de la dissémination. Les graines sont ordinairement aplaties, ovales ou ellipsoïdes, supportées par un funicule grêle ou épais, charnu, coloré, rectiligne ou replié une ou plusieurs fois sur lui-même, ou entourant la graine, ou plus ou moins dilaté vers le hile en une sorte de corps arillaire. Sous les téguments[2] se trouve un embryon épais et charnu, parfois coloré, entouré ou non d'un albumen d'épaisseur variable, charnu ou corné.

Les Acacias sont des arbres ou des arbustes, rarement des herbes, à tiges et rameaux inermes ou chargés d'aiguilles. Leurs rameaux abortifs sont parfois transformés en épines. Les feuilles sont alternes et bipinnées, ou bien leur pétiole est dilaté en phyllode placé de champ (fig. 32, 33), tandis que les pétioles avortent plus ou moins complétement. Le pétiole porte souvent une ou plusieurs glandes. Les stipules sont membraneuses, ou nulles, ou peu développées, ou transformées en épines quelquefois

1. Dans les espèces que nous avons pu examiner, nous avons vu le sommet conique du nucelle faire longuement saillie au delà de l'ouverture de la seule enveloppe ovulaire que nous pussions apercevoir. L'axe du nucelle est presque toujours oblique.

2. L'extérieur porte souvent, sur chaque face latérale, une lunule ou une tache ellipsoïde dont les bords sont parallèles à ceux de la graine elle-même, à peu près comme dans les Condoris et dans beaucoup d'autres Légumineuses-Mimosées et Cæsalpiniées.

considérables (fig. 28). Les fleurs sont petites en général, réunies en capitules globuleux (fig. 28, 32) ou en épis cylindriques (fig. 31), placées chacune dans l'aisselle d'une bractée et parfois articulées à leur base. Les épis et panicules sont axillaires et solitaires, ou réunis en grappes, ou disposés en inflorescences plus ou moins ramifiées au sommet des rameaux. Il y a dans ce genre environ quatre cents espèces décrites; on les a groupées en sections plus ou moins naturelles, d'après le port et l'inflorescence; car la manière d'être du fruit ne peut servir à établir dans le genre des coupes bien délimitées. Les Acacias sont surtout abondants en Australie et en Afrique; on en trouve d'ailleurs des espèces dans tous les pays chauds des deux mondes [1].

1. Les espèces connues, au nombre de plus de quatre cents, n'ont pu être partagées en sous-genres ou en sections d'après la structure de leur gousse, qui est polymorphe, avec toutes les transitions possibles entre les formes diverses. M. BENTHAM, qui s'est occupé depuis tant d'années de l'étude de ce genre, l'a divisé en séries secondaires, basées sur le port et le mode d'inflorescence. Ces séries sont les six suivantes :

1° *Phyllodineæ.*— Espèces à phyllodes aplatis de champ ou arrondis, à folioles avortées, sauf dans les premières feuilles de la plante ou sur quelques rameaux adultes (fig. 33). Quelquefois les feuilles sont remplacées par de courtes écailles ou bractées. A ce groupe se rapportent les genres *Chithonanthus* et *Tetracheilos* LEHM. (in *Plant. Preiss.*, II, 368), fondés uniquement sur la forme des fruits. Cette section renferme près de trois cents espèces australiennes, sauf cinq ou six qui habitent les îles de l'océan Pacifique. (LAMK, in *Journ. Hist. nat.*, I, t. 15. — LABILL., *Sert. austr.-caled.*, t. 88, 89. — A. GRAY, *Bot. Unit. States expl. Exped.*, t. 53. — R. BR., in *Ait. Hort. kew.*, éd. 3, V, 464. — LINDL., *Swan Riv.*, App., 15. — MEISSN., in *Pl. Preiss.*, II, 199. — A. CUNN., in *Field N. S. Wales*, 343. — BENTH., in *Hook. Journ.*, I, 323; *Fl. austral.*, II, 319. — F. MUELL., *Fragm.*, III, 127, 151.)

2° *Botrycephalæ.*— Espèces australiennes, au nombre de dix, à fleurs réunies en capitules globuleux rapprochés en grappes axillaires ou terminales, simples ou ramifiées. Feuilles bipinnées, à stipules nulles ou peu développées. (VENT., *Jard. Cels*, t. 1; *Jard. Malmais.*, t. 21, 61. — ANDR., in *Bot. Repos.*, t. 235. — SWEET, *Fl. austral.*, t. 12. — HOOK., in *Bot. Mag.*, t. 1263, 1750. — *Bot. Reg.* (1843), t. 46. — REICHB., *Icon. et descr. plant.*, t. 73. — LINK, *Enum. hort. berol.*, 445. — R. BR., in *Ait. Hort. kew.*, éd. 3, V, 467. — BENTH., in *Hook. Journ.*, I, 383; *Fl. austral.*, II, 413.)

3° *Pulchellæ.* — Arbustes peu élevés, très-rameux, inermes, rarement pourvus d'épines axillaires, à feuilles bipinnées, à stipules nulles ou peu développées. Fleurs en capitules globuleux ou rarement spiciformes, à pédoncules axillaires, solitaires ou réunis en faisceaux. Espèces australiennes, nombreuses. (LABILL., *Nouv.-Holl.*, II, 88, t. 238. — A. DC., *Pl. rar. du jard. de Genève*, note 6, t. 3. — HOOK., in *Bot. Mag.*, t. 2188, 4588, 4653, 5191. — *Bot. Reg.*, t. 1521. — F. MUELL., *Pl. Victor.*, II, t. suppl. 12. — LINDL., *Swan Riv.*, App., 15. — LINK, *Enum. hort. berol.*, II, 444. — MEISSN., in *Pl. Preiss.*, II, 204. — BENTH., in *Hook. Journ.*, I, 387; *Fl. austral.*, II, 416.)

4° *Gummiferæ.*— Arbres et arbustes à feuilles bipinnées, à stipules toutes ou en partie transformées en épines, quelquefois énormes, d'ailleurs inermes. Fleurs en capitules ou en épis axillaires, fasciculés ou réunis en grappes simples ou composées vers le sommet des rameaux. Espèces asiatiques, surtout américaines et africaines, rarement australiennes, au nombre de cinquante environ. (K., *Mimos.*, t. 28, 29. — JACQ., *Hort. schœnbrun.*, t. 393. — VELLOZ., *Fl. flum.*, XI, t. 39. — ROXB., *Plant. coromand.*, t. 149, 150, 199. — DELILE, *Fl. ægypt.*, t. 52, fig. 2. — WIGHT, *Icon.*, t. 1157. — NEES D'ESENB., *Plant. offic.*, n. 332-336. — *Bot. Reg.*, t. 1317. — F. MUELL., in *Journ. Linn. Soc.*, III, 147. — BENTH., in *Hook. Journ.*, I, 499; in *Linnæa*, XXVI, 629; *Fl. austral.*, II, 419. — BURCH., *Trav.*, II, 240, t. 6. — E. MEY., *Comm.*, 167. — HARV. et SOND., *Fl. cap.*, II, 280.)

5° *Vulgares.*—Arbres ou arbustes élevés, souvent grimpants, américains, asiatiques ou africains, rarement inermes, ordinairement chargés d'aiguillons disséminés sur les rameaux ou implantés sur les coussinets des feuilles bipinnées, à pétiole glandulifère et à stipules non transformées en épines. Fleurs en capitules ou en épis axillaires fasciculés, ou rapprochés en grappes au sommet des rameaux. Soixante espèces environ. (JACQ., *op. cit.*, t. 396. — VELLOZ., *loc. cit.*, t. 28, 29, 36-38. — ROXB., *op. cit.*, t. 175, 225. — WALL., *Pl. asiat. rar.*, t. 130. — NEES, *op. cit.*, n. 337. — RICH., GUILLEM. et PERR., *Fl. Seneg.*

L'*A. Farnesiana* [1], espèce cultivée fréquemment dans le midi de l'Europe, est devenu, pour quelques auteurs, le type d'un genre nouveau [2], à cause de la structure de son fruit qui est irrégulièrement cylindrique, un peu arqué, aussi épais que large et rempli par une pulpe desséchée qui isole les graines, disposées obliquement sur deux rangées, comme dans des logettes complètes ou incomplètes. On s'accorde aujourd'hui à n'en faire qu'une section du genre *Acacia*, dont cette plante a le port, le feuillage et, à peu de chose près, la fleur.

L'*A. lophanta* [3], espèce également cultivée dans nos serres, est devenue aussi le type d'un genre particulier, sous le nom d'*Albizzia* [4], parce que ses étamines sont monadelphes, au lieu d'être complétement libres, comme il arrive dans beaucoup d'*Acacia*. Mais tous les autres caractères se trouvant en somme les mêmes dans les deux types, et les fruits, les fleurs et les organes de végétation ne présentant aucune différence de quelque valeur, il nous faut forcément laisser l'*A. lophanta* dans le genre *Acacia*, où nous avons déjà vu des espèces à filets staminaux unis dans une légère étendue. De même il ne nous semble pas possible de faire un genre distinct pour les *A. Lebbek* [5], *Julibrissin* [6],

Tent., I, 244, t. 56. — *Bot. Mag.*, t. 3366, 3408. — SCHWEINF., *Pl. natal.*, t. I. — HARV. et SOND., *op. cit.*, 282.) A ce groupe appartient l'*A. concinna* DC. (*Prodr.*, II, 464, n. 159), dont le fruit se sépare en articles monospermes, et dont M. HASSKARL a fait le type d'un genre *Arthrosporion* (*Retzia*, I, 112). Le *Besenna anthelmintica* A. RICH. (*Fl. abyss.*, I, 253), attribué à la même section par M. BENTHAM (*Gen.*, 595), est certainement une espèce du groupe *Albizzia*.

6° *Filicinæ*. — Plantes ligneuses, rarement herbacées, inermes, à feuilles bipinnées, sans glandes pétiolaires, à capitules globuleux ou allongés, axillaires, fasciculés, à fleurs parfois pourvues de courts pédicelles. Dix espèces environ, de l'Amérique boréale ou centrale. (JACQ., *Eclog. amer.*, t. 78. — K., *op. cit.*, t. 31.)

Pour les espèces d'*Acacia* proprement dits, des différents pays, voy. en outre : DC., *Prodr.*, II, 448-471. — WALP., *Rep.*, I, 884 ; V, 587 ; *Ann.*, I, 264 ; II, 452 ; IV, 617.

1. W., *Spec.*, IV, 1083. — DC., *Prodr.*, n. 138. — *A. lenticellata* F. MUELL., in *Journ. Linn. Soc.*, III, 147. — *Mimosa Farnesiana* L., *Spec.*, 1506. — *M. scorpioides* FORSK. La corolle de cette espèce est gamopétale et valvaire, ou très-légèrement imbriquée près du sommet dans les jeunes boutons. Les étamines sont libres dans la plus grande partie de leur étendue ; mais vers leur base, elles sont unies en un seul ou en plusieurs faisceaux, et s'insèrent sur la base de la corolle. Les ovules sont nombreux et d'abord disposés sur deux rangées verticales ; ils se regardent alors par leurs raphés. Plus tard, ils semblent placés sur une seule rangée. Le sommet du style est légèrement renflé. M. BENTHAM rapporte cette espèce à la section des *Gummiferæ*. Son fruit, il est vrai, est presque cylindrique, ou un peu toruleux ; et le péricarpe forme entre les graines des cloisons obliques, limitant des logettes monospermes, alternativement disposées sur deux rangs. Mais l'*A. tortuosa* W. (*Spec.*, IV, 1083 ; — DC., *Prodr.*, n. 132), et d'autres espèces du groupe des *Gummiferæ*, ont déjà une gousse épaissie à graines nichées dans des loges incomplètes, et servent ainsi de transition vers l'*A. Farnesiana*.

2. *Vachellia* W. et ARN., *Prodr.*, I, 272. — ENDL., *Gen.*, n. 6835. — *Aldina* E. MEY., *Comment.*, 171, not. (nec ENDL.). — *Farnesia* GASPARR., *Descr. nov. gen.* (1838), icon.

3. W., *Spec.*, IV, 1070. — DC., *Prodr.*, n. 93. — *Mimosa distachya* VENT., *Jard. Cels*, t. 20 (nec CAV.). — *M. elegans* ANDR., *Bot. Repos.*, t. 563.

4. DURAZZ. (dans un rec. scient. ital. inconnu). — BOIV., in *Encycl. du* XIXe *siècle*, II, 32. — FOURN., in *Ann. sc. nat.*, sér. 4, XIV, 368. — B. H., *Gen.*, 596, n. 394. — H. BN, in *Dict. encycl. des sc. médic.*, II, 416.

5. W., *Spec.*, IV, 1066. — *A. speciosa* W., *loc. cit.*, 1069. — *Mimosa Lebbek* L. — *Albizzia Lebbek* BENTH., in *Hook. Journ.*, III, 87. — *A. latifolia* BOIV., *loc. cit.*, 32.

6. W., *loc. cit.*, 1065. — *Mimosa Julibris-*

odoratissima[1], *montana*[2], *lebbekioides*[3], etc., qui ont les mêmes fleurs que l'*A. lophanta*, avec un tube staminal plus long[4], ni pour les *Zygia*[5] (fig. 34, 35), dans lesquels ce tube devient d'une longueur excessive, dépassant de beaucoup la corolle, et se trouve tordu en spirale dans l'intérieur du périanthe avant l'épanouissement des fleurs. Nous aurons donc quatre nouvelles sections à adjoindre au genre *Acacia*, sous les noms de *Vachellia*, *Lophanta*, *Albizzia* et *Zygia*, c'est-à-dire vingt-cinq espèces appartenant aux régions chaudes de tout l'univers. Les *Zygia* s'observent dans l'Afrique et l'Asie tropicales[6]; les *Albizzia* se rencontrent dans les mêmes régions, dans l'Asie tempérée, à Java, en Australie, et dans les îles voisines[7].

Acacia Catechu.

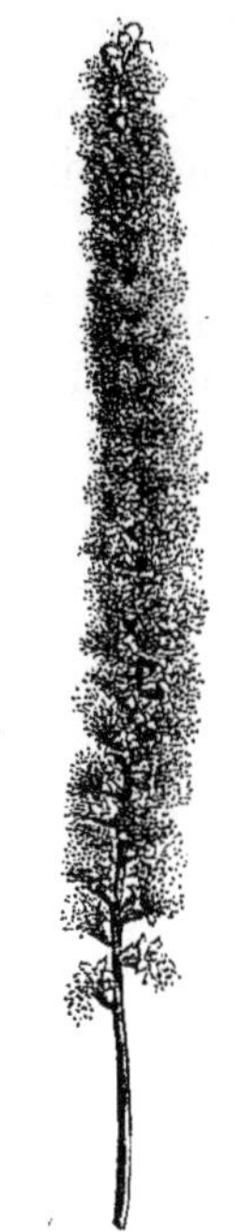

Fig. 31. Inflorescence.

Acacia alata.

Fig. 32. Rameau florifère.

Les *Inga*[8] ont les fleurs construites comme celles des *Albizzia*, avec des étamines monadelphes[9], en nombre indéfini. Mais leurs feuilles sont simplement composées-pinnées; et leur gousse est linéaire, droite ou légèrement arquée, plane, tétragone ou presque cylindrique, coriace ou presque charnue, à peine déhiscente, avec des sutures ventrale et dorsale souvent épaissies, saillantes, dilatées, par-

sin SCOP., *Del. fl. insubr.*, I, 18. — *M. arborea* FORSK., *Eg.-Arab.*, 177. — *Albizzia Julibrissin* DURAZZ., *loc. cit.*

1. W., *loc. cit.*, 1063. — *Mimosa odoratissima* L., *Suppl.*, 437. — *Albizzia odoratissima* BENTH., *loc. cit.*, 88. — *A. micrantha* BOIV., *loc. cit.*, 34.

2. JUNGH., *Tijdschr. nat. Giesch.*, X, 246. — *A. vulcanica* KORTH., in *Flora* (1827), 705. — *Inga montana* JUNGH., *Reis.*, 288. — *Albizzia montana* BENTH., *Pl. Jungh.*, 267.

3. DC., *Prodr.*, II, 467, n. 187. — *Albizzia lebbekioides* BENTH., *loc. cit.*, III, 89.

4. M. GRISEBACH (*Fl. brit. W. Ind.*, 233) a déjà fait rentrer les *Albizzia* dans le genre *Acacia*.

5. BENTH., in *Hook. Journ.*, III, 92 (nec P. BR.). — ENDL., *Gen.*, n. 6836?

6. DC., *Mém. Légum.*, XII, t. 65; *Prodr.*, II, 440, n. 91, 92. — BRUCE, *Voy.*, t. 4, 5. — PETERS, *Mossamb.*, t. 1.

7. VENT., *Jard. Cels*, t. 20. — LABILL., *Sert. austr.-caled.*, 67, t. 66, 67. — JACQ., *Icon.*, t. 198. — ROXB., *Pl. coromand.*, t. 120-122. — WALL., *Pl. asiat. rar.*, II, t. 177. — BENTH., *Fl. austral.*, II, 421. — HARV. et SOND., *Fl. cap.*, II, 284. — WALP., *Rep.*, V, 595; *Ann.*, I, 266; II, 457; IV, 457.

8. PLUM., *Gen.*, 13, t. 25. — W., *Spec.*, IV, 1004 (part.) — K., *Mimos.*, 35. — DC., *Prodr.*, II, 432. — SPACH, *Suit. à Buffon*, I, 55. — ENDL., *Gen.*, n. 6837. — B. H., *Gen.*, 599, n. 398.

9. Elles présentent souvent, dans la portion inférieure de l'espèce de tube qu'elles forment, une union d'étendue variable avec la base du tube de la corolle, ainsi que nous l'avons observé dans les *Pentaclethra*. Cette disposition se re-

courues par un sillon longitudinal. Ce sont des arbres et des arbustes des régions chaudes de l'Amérique. Leurs fleurs sont disposées sur les tiges d'une façon très-variable [1].

Les *Calliandra* [2] ont, au contraire, avec les fleurs des *Inga*, des feuilles décomposées, bipinnées. Mais leur fruit est une gousse, droite ou un peu arquée, dont les deux valves se séparent élastiquement l'une de l'autre, en se réfléchissant du sommet vers la base. Les étamines sont ordinairement très-nombreuses, rarement au nombre de dix à quinze. On connaît environ quatre-vingts espèces de ce genre [3]. Ce sont des arbres ou des arbustes de l'Amérique tropicale et sous-tropicale. Une seule espèce [4] habite l'Inde orientale. Leurs fleurs sont toujours réunies

trouvera dans presque toutes les Mimosées que nous étudierons après le genre *Inga*; elle n'existe pas ordinairement dans les *Acacia* proprement dits, ou dans les *Albizzia*. L'étude organogénique pourra seule faire connaître la signification de ce tube commun à la base de l'androcée et de la corolle, et dira s'il n'est pas de nature réceptaculaire. A. RICHARD s'est sans doute appuyé sur cette disposition, quand il a refusé de considérer comme un calice l'organe auquel on donne généralement ce nom et dont l'insertion se fait bien plus bas que celle des pétales et des étamines.

Le pollen de l'*Inga anomala* a été décrit par M. H. MOHL (voy. *Ann. sc. nat.*, sér. 2, III, 230, 342, t. XI, fig. 43) comme ayant chaque masse composée de huit grains placés sur un même plan et pourvus de pores aux angles, avec une réunion de petites cellules visqueuses située à l'extrémité pointue du grain. Il y a huit de ces masses dans chaque anthère, et l'extrémité pointue est dirigée vers le milieu de la loge.

1. C'est principalement le mode d'inflorescence qui a servi à grouper en sections les espèces, au nombre de cent cinquante environ, que l'on connaît dans ce genre. M. BENTHAM admet les cinq sections suivantes :

1° *Euinga*. — Fleurs réunies en épis ovales, serrés, ou allongés, lâches, interrompus vers la base. Fleurs grandes ou très-grandes, sessiles ou à pédicelle court, villeuses ou tomenteuses. Calice campanulé ou tubuleux. Gousses épaisses, à bords dilatés, souvent plus larges que les faces mêmes des valves. Cinquante espèces environ. (VELLOZ., *Fl. flum.*, XI, t. 3, 12, 14, 21. — VAHL, in *Act. Soc. hafn.*, II, t. 10. — K., *op. cit.*, t. 11-14. — HOOK., in *Bot. Mag.*, t. 5075.)

2° *Pseudinga*. — Inflorescences comme dans les *Euinga*. Fleurs assez grandes, sessiles ou à pédicelles très-courts, glabres ou pubescentes. Calice comme dans les *Euinga*. Gousse aplatie, ordinairement assez large, à bords très-épaissis. Une quarantaine d'espèces. (VAHL, *Eclog. amer.*, III, t. 24. — PRESL, *Symb. bot.*, I, t. 42; II, t. 58. — LEM., *Jard. fleur.*, III, t. 309.)

3° *Burgonia*. — Fleurs sessiles, petites, nombreuses, glabres ou légèrement pubescentes, réunies en épis cylindriques, à pédoncule court, presque toujours axillaire. Calice campanulé, bien plus court que la corolle. Une quinzaine d'espèces (AUBL., *Guian.*, II, 941, t. 358. — VELLOZ., *Fl. flum.*, XI, t. 5, 8, 9.)

4° *Diadema*. — Fleurs sessiles, ou plus rarement pédicellées, petites, étroites, glabres. Inflorescences globuleuses, capituliformes, à longs pédoncules. Dix espèces environ. (VELLOZ., *op. cit.*, XI, t. 44, 45. — SEEM., *Bot. Her.*, t. 23.)

5° *Leptinga*. — Fleurs à pédicelles grêles, assez développés, ordinairement plus longs que le calice, à moins que celui-ci ne devienne très-grand; réunies en ombelles sur un réceptacle presque globuleux, petites, glabres, rarement pubescentes. Une vingtaine d'espèces. (VELLOZ., *op. cit.*, t. 10, 27. — PŒPP. et ENDL., *Nov. gen. et spec.*, III, t. 289.)

Pour les espèces en général, voy. K., *Mimos.*, *loc. cit.* — H. B. K., *Nov. gen. et spec.*, VI, 248. — WALP., *Rep.*, V, 623; *Ann.*, I, 268; II, 459; IV, 635.

2. BENTH., in *Hook. Journ.*, II, 138. — B. H., *Gen.*, 596, n. 393. — *Anneslea* SALISB., *Parad. lond.*, t. 64 (nec WALL.). — *Clelia* CASAR., *Nov. stirp. Decad.*, 83. — ? *Codonandra* KARST., *Fl. columb.*, 43, t. 122.

3. JACQ., *Icon. rar.*, IV, t. 632, 633. — DC., *Mém. Légum.*, t. 68. — K., *Mimos.*, t. 17, 19, 20, 22; 32. — NEES, in *Nov. Act. nat. cur.*, XII, t. 5. — COLLA, *Hort. ripul.*, II, t. 9. — PŒPP. et ENDL., *Nov. gen. et spec.*, III, t. 290. — BENTH., *Sulph.*, t. 11. — SEEM., *Bot. Her.*, t. 22. — KARST., *Fl. columb.*, 79, 103, 121. — *Bot. Reg.*, t. 98, 129, 721; (1849), t. 41. — *Bot. Mag.*, t. 2651, 4188, 4500, 5181. — PAXT., *Magaz.*, XI, 147, icon. — LEM., in *Jard. fleur.*, t. 305. — WALP., *Rep.*, V, 599 (part.); *Ann.*, I, 266; II, 458; IV, 634.

4. *I. umbrosa* WALL., *Pl. asiat. rar.*, II, t. 124.

en capitules (fig. 36), au sommet de pédoncules axillaires ou rapprochés en grappe à l'extrémité des rameaux.

Les *Lysiloma* [1] ont, avec le port des *Mimosa*, les fleurs des *Calliandra* oligandres [2], des feuilles bipinnées et des fleurs réunies en capitules ou en épis cylindriques. Mais leur gousse est linéaire, comprimée, aplatie,

Acacia heterophylla.

Fig. 33. Rameau folifère.

assez large, droite ou à peine arquée, à péricarpe mince, presque membraneux, à deux valves, continues ou partagées plus tard en articles transversaux, qui, à l'époque de la déhiscence, se détachent des bords entiers et persistants du fruit. On connaît une dizaine d'espèces de ce genre [3] ; ce sont des arbustes inermes de l'Amérique équinoxiale et des Antilles [4].

Les *Pithecolobium* [5] ont aussi des fleurs [6] en épis ou en capitules, her-

1. BENTH., in *Hook. Journ.*, III, 82. — B. H., *Gen.*, 595, n. 392.

2. Il n'y a souvent que douze à quinze étamines.

3. K., *Mimos.*, t. 24. — BENTH., *Sulph.*, V, t. 31. — GRISEB., *Fl. brit. W. Ind.*, 223. — WALP., *Rep.*, V, 594 ; *Ann.*, IV, 635.

4. Ce genre ne diffère pas par ses fleurs de ceux des *Acacia* qui ont les étamines monadelphes ; mais l'organisation du fruit et son mode de déhiscence suffisent à les en distinguer.

5. MART., *Herb. flor. bras.*, 114 ; *Cat. hort. monac.*, 188. — ENDL., *Gen.*, n. 6837 c. — B. H., *Gen.*, 597, n. 395. — *Cathormion* HASSK., *Retzia*, I, 231.

6. Les étamines, unies inférieurement avec la corolle, ont dans leurs anthères un pollen en masses, analogue à celui des *Inga* (p. 44, note 9).

maphrodites ou polygames, et des feuilles bipinnées, comme les *Lysiloma* et les *Calliandra*. Mais leur fruit est plan ou comprimé, falciforme, circiné, contourné d'une façon variable, plus rarement presque rec-

Acacia (Zygia) Sassa.

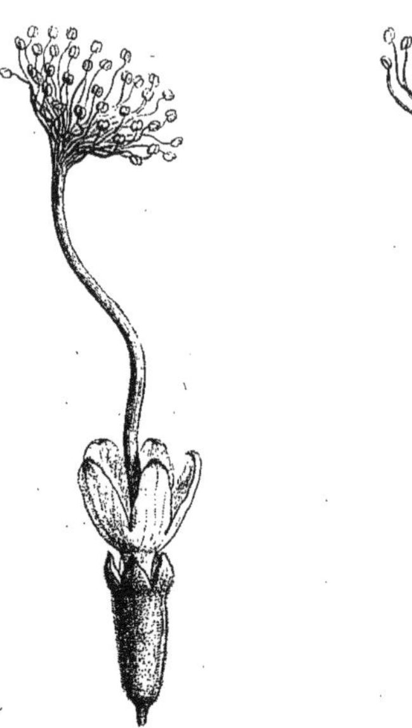

Fig. 34. Fleur (4/1). Fig. 35. Fleur, coupe longitudinale.

tiligne, coriace ou presque charnu, indéhiscent ou plus souvent bivalve, ou s'ouvrant suivant la suture ventrale par des fentes courbes qui se prolongent dans l'intervalle des graines, et forment ainsi autant de logettes distinctes, unies entre elles par la suture dorsale persistante, et arquée ou tordue sur elle-même de manière à diriger dans tous les plans les différentes portions monospermes de la même gousse. Mais celle-ci ne s'ouvre jamais élastiquement, comme elle le fait dans les *Calliandra*; et c'est là le caractère, très-artificiel, il est vrai, qui suffit dans la pratique à distinguer le genre *Pithecolobium*. Les espèces, au nombre de cent environ [1], sont des arbres et des arbustes des régions chaudes de tout le globe, principalement de l'Amérique

Calliandra brevipes.

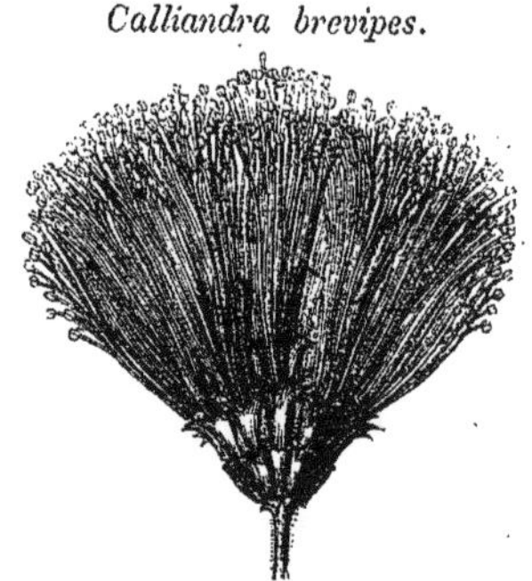

Fig. 36. Inflorescence.

1. WALP., *Rep.*, V, 609; *Ann.*, I, 267; II, 458; IV, 636.

et de l'Asie tropicales. Leur port et leurs inflorescences sont très-variables [1].

Les *Enterolobium* [2] ont tous les caractères de végétation et de floraison des *Pithecolobium*. Mais leur gousse est largement circinée ou incurvée-réniforme, épaisse, comprimée, dure, indéhiscente, avec un mésocarpe spongieux qui finit par s'indurer, et un endocarpe qui se prolonge entre les graines pour former des cloisons solides, séparant les unes des autres autant de graines comprimées, transversales. Les trois ou quatre espèces connues [3] de ce genre sont des arbres inermes de l'Amérique tropicale, à fleurs disposées en capitules globuleux, rapprochés en épi ou en grappes.

1. Ces caractères ont surtout servi à diviser ce genre nombreux en sections. Le fruit est très-variable de forme, mais avec des transitions sans nombre d'une forme à une autre. M. BENTHAM admet les sept sections suivantes :

1° *Samanea*. — Cette section, dont, comme l'indique le nom, le type est le *P. Saman* BENTH. (*Inga Saman* W., *Spec.*, IV, 1026 ; — *I. salutaris* H. B. K., *Nov. gen. et spec.*, VI, 304 ; — *Mimosa Saman* JACQ., *Fragm.*, t. 9 ; — *Calliandra tubulosa* BENTH.), renferme vingt-cinq espèces environ, qui sont des arbres inermes, à stipules nulles ou peu développées. Les pinnules sont en nombre indéfini. Les inflorescences sont axillaires, fasciculées ou réunies en panicules vers le sommet des rameaux. La gousse est droite, arquée, circinée ou cochléaire, tantôt coriace, épaisse et indéhiscente, tantôt déhiscente, sans que ses valves se contournent ensuite. Les graines sont arillées. (VELLOZ., *Fl. flum.*, XI, t. 24, 30 (?). — JACQ., *Fragm.*, t. 9. — K., *Mimos.*, t. 21. — GRISEB., *Fl. brit. W. Ind.*, 225.) Ce dernier auteur fait des *Calliandra* avec les espèces de cette section, quoique ici les gousses ne présentent pas le mode de déhiscence élastique particulier aux *Calliandra*.

2° *Chloroleucon*. — Arbres inermes ou çà et là pourvus d'épines axillaires ; stipules membraneuses, caduques ou nulles. Pédoncules axillaires solitaires ou géminés. Gousse épaisse (indéhiscente ?), droite ou arquée. Graines sans arille. Cinq espèces américaines. M. GRISEBACH fait aussi rentrer cette section dans le genre *Acacia*.

3° *Caulanthon*. — Arbres inermes, à stipules caduques ou persistantes, à feuilles paucifoliolées. Inflorescences pédonculées, fasciculées sur le tronc ou les rameaux. Gousse ordinairement bivalve, droite ou arquée. Graines sans arille. Une quinzaine d'espèces américaines. (VAHL, *Eclog.*, III, t. 27.— VELLOZ., *op. cit.*, XI, t. 43. — MIQ., *Stirp. surin.*, t. 1.) A cette section se rapporte le *Zygia* P. BR. (*Jam.*, 279, t. 22, fig. 3, nec *Auctt.*). M. GRISEBACH (*op. cit.*, 225) la rapporte au genre *Calliandra*.

4° *Cathormion*.—Arbres inermes, à inflorescences solitaires ou subfasciculées dans l'aisselle des feuilles. Fleurs souvent pédicellées. Gousse presque droite, arquée ou circinée, bivalve ou indéhiscente, avec fausses-cloisons entre les graines, et parfois séparation en articles monospermes à la maturité. Dix espèces, toutes originaires de l'ancien monde, la plupart asiatiques (incl. *Concordia* BENTH., part.), deux australiennes (BENTH., in *Hook Journ.*, III, 211 ; *Fl. austral.*, II, 423), et une de l'Afrique tropicale (*Albizzia altissima* HOOK. F., *Niger*, 332).

5° *Abaremotemon*. — Arbres inermes, à stipules nulles ou peu développées. Folioles ordinairement nombreuses. Pédoncules axillaires, solitaires, rarement fasciculés. Gousse élargie, contournée-cochléaire. Une quinzaine d'espèces américaines. (VAHL, *op. cit.*, III, t. 28.—VELLOZ., *op. cit.*, XI, t. 13, 14.— KL., ap. HAYN., *Arzneig.*, XIV, 13.)

6° *Unguis-cati*. — Arbres à feuilles pourvues de stipules toutes ou en partie spinescentes. Pinnules uni- ou inégalement bijuguées. Pédoncules axillaires ou paniculés, solitaires ou fasciculés. Gousse cochléaire, à valves tordues d'une façon variable après la déhiscence. Une vingtaine d'espèces, dont deux asiatiques (*Concordia* BENTH., part.), les autres américaines (K., *Mimos.*, t. 15, 16, 18.— VAHL, *op. cit.*, III, t. 25, 26.— JACQ., *Hort. schœnbr.*, t. 392. — ROXB., *Pl. coromand.*, t. 99.— WIGHT, *Icon.*, t. 198).

7° *Clypearia*. — Arbres inermes. Inflorescences en panicules pédonculées nombreuses ; les divisions de l'inflorescence et les pédoncules plus ou moins obliquement superposés les uns aux autres. Gousse large, contournée-cochléaire, souvent ligneuse. Graines avec ou sans arille. Dix espèces asiatiques.

2. MART., *Herb. fl. bras.*, 117, 128. — ENDL., *Gen.*, n. 6837 d.— B. H., *Gen.*, 598, n. 396.

3. VELLOZ., *Fl. flum.*, XI, t. 25, 26. — GRISEB., *Fl. brit.*, *W. Ind.*, 226. — WALP., *Rep.*, V, 621.

Tous ces genres, difficiles à séparer nettement les uns des autres, ont des fleurs de petite taille, sauf celle d'un certain nombre d'espèces du genre *Inga*. Ces fleurs deviennent relativement volumineuses dans les trois genres de ce groupe qui nous reste à étudier, savoir, les *Serianthes*, les *Affonsea* et les *Archidendron*. Les *Serianthes* [1] sont des arbres inermes, à larges feuilles bipinnées. Leurs fleurs, disposées en grappes courtes, corymbiformes, ont un calice gamosépale, épais et coriace, à cinq dents valvaires, une corolle gamopétale, à cinq divisions valvaires, et un androcée formé d'un nombre très-considérable d'étamines dont les filets sont unis en un tube, adhérent dans une assez grande étendue avec celui de la corolle [2]. L'ovaire, atténué supérieurement en un style long et grêle, renferme un nombre variable d'ovules descendants, disposés sur deux rangées. La gousse est ovale ou oblongue, rectiligne ou un peu arquée, ligneuse, indéhiscente, avec des fausses-cloisons transversales qui séparent les graines les unes des autres. Les deux espèces connues du genre *Serianthes* habitent l'Asie tropicale et l'océan Pacifique [3]; l'une d'elles est commune à la Nouvelle-Calédonie.

Affonsea juglandifolia.

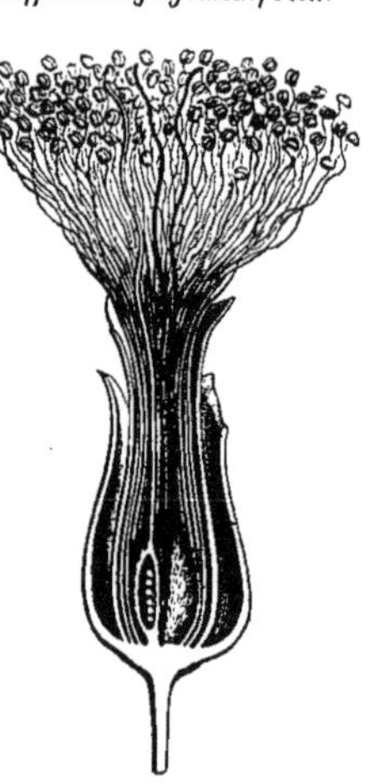

Fig. 37. Fleur, coupe longitudinale.

Les *Affonsea* [4] ont tout à fait le port, les feuilles simplement pinnées et les larges fleurs de certains *Inga*. Mais leur gynécée est représenté par un nombre de carpelles libres (fig. 37), qui varie de deux à six, chacun de ces carpelles étant d'ailleurs construit comme celui des *Inga* et devenant aussi une gousse oligo- ou polysperme. L'androcée et la corolle sont unis dans une certaine étendue de leur base, et le calice a la forme d'un large sac, souvent vésiculeux, à cinq dents valvaires. Les quatre espèces connues de ce genre [5] sont des arbres du Brésil, à feuilles paripinnées, pourvues de stipules persistantes, et à fleurs sessiles ou pédicellées, réunies en grappes.

L'*Archidendron* [6] a les mêmes fleurs à peu près que les *Affonsea*, quant à la corolle, à l'androcée et au gynécée, formé de cinq à quinze car-

1. BENTH., in *Hook. Journ.*, III, 225. — B. H., *Gen.*, 599, 1004, n. 397.

2. Dans le *S. grandiflora* BENTH., le sommet du filet vient s'insérer au centre d'un connectif glanduleux qui supporte les deux loges d'une anthère introrse, à déhiscence longitudinale; cette anthère paraît extérieurement formée de quatre lobes peu distincts.

3. WALP., *Rep.*, V, 623; *Ann.*, IV, 639.

4. A. S. H., *Voy. dans la prov. des diam.*, I, 387. — ENDL., *Gen.*, n. 6838. — BENTH., in *Hook. Journ.*, V, t. 1. — B. H., *Gen.*, 599, n. 399.

5. WALP., *Rep.*, I, 644.

6. F. MUELL., *Fragm. phyt. Austral.*, V, 59. — B. H., *Gen.*, 1004, n. 397 *a*.

pelles. Mais le calice y présente la forme d'un sac tubuleux, à bord supérieur tronqué, sans découpures ; et la gousse est coriace, arquée, tordue irrégulièrement, finissant par s'ouvrir en deux valves. L'*A. Vaillantii* [1], seule espèce connue du genre, est un arbre australien, à feuilles bipinnées et à fleurs disposées en ombelles axillaires, avec de courts pédicelles. Outre la forme de son calice, l'*Archidendron* peut donc être défini : un *Affonsea* à feuilles décomposées et à fruit de *Pithecolobium*.

Les Mimosées n'étaient guère représentées pour les anciens botanistes, dans le groupe considérable des Légumineuses, ou plantes à gousses, que par les *Mimosa*, les *Acacia* [2] et les *Inga* [3]. Et encore voit-on LAMARCK [4], en 1783, réunir tous ces genres en un seul, sous le nom d'Acacie, qu'il appelle en latin *Mimosa*. C'était, après un siècle, abandonner l'opinion de TOURNEFORT, qui avait génériquement séparé les *Mimosa* des *Acacia*, qu'il nommait Cassies [5]. Quelques petits genres, alors monotypes, ou composés seulement d'un faible nombre d'espèces, avaient été distingués des précédents, au siècle dernier, par LINNÉ, comme les *Adenanthera* [6], les *Prosopis* [7] ; par ADANSON, comme les *Entada* [8] ; par P. BROWNE, comme les *Zygia* [9] ; par NECKER, comme les *Gagnebina* [10] ; par LOUREIRO, comme les *Neptunia* [11]. A. L. DE JUSSIEU, qui connaissait cinq des genres précédents, les rangea sans mention spéciale parmi les Légumineuses à corolle régulière. C'est en 1814 que R. BROWN [12] proposa de faire un groupe spécial des Mimosées que DE CANDOLLE [13] considéra comme un sous-ordre ou une tribu de la famille des Légumineuses, de même que LINDLEY [14], tandis qu'ENDLICHER [15] en fit un ordre parfaitement distinct. Les auteurs les plus récents, tels que MM. BENTHAM et HOOKER [16], les conservent à titre de sous-ordre seulement.

Tous les autres genres introduits dans ce groupe depuis sa constitution datent au plus de soixante-quatre années. Deux d'entre eux sont dus à WILLDENOW [17], le *Schranckia* et le *Desmanthus* ; un à DE CANDOLLE, le *Dichrostachys* [18] ; à DE MARTIUS, les *Pithecolobium*, *Enterolobium* et

1. F. MUELL., *loc. cit.* — *Pithecolobium Vaillantii* F. MUELL., *Fragm.*, V, 9. — *Albizzia (Pleiophaca) Vaillantii* F. MUELL., *Coll.*
2. T., *Instit.*, 605, t. 375.
3. PLUM., *Gen. amer.*, 13, t. 25 (1703).
4. *Dict.*, I, 8 ; Suppl., I, 35.
5. Le type de ce genre était pour lui l'*Acacia Farnesiana* (voy. p. 43).
6. *Gen.*, n. 526 (1737).
7. *Mantiss.*, n. 1260 (1767).
8. *Fam. des plant.*, II (1763), 318.
9. *Jam.*, 279, t. 22 (1756).
10. *Elem.*, n. 1296 (1791).
11. *Fl. cochinch.*, ed. ulyssip. (1790), 653.
12. *Gen. Rem.*, 19 ; *Congo*, 10.
13. *Mém. Légum.* (1825) ; *Prodr.*, II (1825), 424.
14. *Veg. Kingd.* (1846), 552, Ord. CCIX.
15. *Gen.* (1840), 1323, Ordo CCLXXVII.
16. *Gen.*, 436, 482, 588 (1865).
17. *Spec. plant.*, IV, 1041, 1044 (1805).
18. *Mém. Légum.*, 428, t. 67 (1825).

Stryphnodendron[1]; à R. Brown, le *Parkia*[2]; l'*Affonsea* à A. de Saint-Hilaire[3]. Sauf le *Xerocladia*, récemment proposé par M. Harvey[4], et l'*Archidendron,* que vient de caractériser M. F. Mueller[5], tous les autres genres de Mimosées, c'est-à-dire les *Calliandra*, *Serianthes*, *Lysiloma*, *Leucæna*, *Xylia*, *Pentaclethra*, *Plathymenia*, *Elephantorrhiza* et *Tetrapleura*, ont été établis de 1842 à 1845 par M. Bentham[6], qui a étudié ce groupe avec le même soin et le même succès que tout le reste de la grande famille de Légumineuses.

Formé ainsi de vingt-huit genres, qui comprennent environ onze cents espèces, le sous-ordre des Mimosées présente un si grand nombre de caractères constants, qu'il faut avoir recours, pour le subdiviser, à des traits considérés ailleurs comme d'une valeur fort secondaire. Ainsi nous avons vu que les genres sont principalement basés sur la forme des fruits, leur mode de déhiscence, la manière dont l'endocarpe se comporte à l'égard des graines, et le degré de composition des feuilles, qui sont tantôt simplement pinnées, et tantôt bipinnées. Quant aux séries ou tribus, elles sont fondées sur le mode de préfloraison du calice, le nombre des étamines, et l'absence, au sommet de celles-ci, d'une sorte de saillie glanduleuse qui surmonterait le connectif. De là les quatre séries suivantes que nous conservons seules parmi les Mimosées :

I. Adénanthérées. — Calice valvaire; androcée diplostémone; étamines libres, surmontées ordinairement[7] d'une glande.

II. Eumimosées. — Calice valvaire; androcée isostémone ou diplostémone; étamines libres, sans glande apicale.

III. Parkiées. — Calice imbriqué; androcée diplostémone, ou pléiostémone, avec cinq étamines fertiles seulement; étamines avec ou sans glande apicale.

IV. Acaciées. — Calice valvaire; étamines en nombre indéfini, libres, monadelphes ou polyadelphes[8].

Les Mimosées sont des plantes des pays chauds, abondantes dans les

1. *Herb. fl. brasil.*, 114, 117, 128 (1837).
2. In *App. Denh. et Clappert.*, 234 (1826).
3. *Voy. dans la prov. des diam.*, I, 387 (1833).
4. *Fl. cap.*, II, 273 (1861, 62).
5. *Fragm. phyt. Austral.*, V, 59 (1867).
6. In *Hook. Journ.*, II-IV.
7. Cette glande manque à peu près complétement dans une section du genre *Prosopis*. Dans les *Xylia*, elle peut disparaître de si bonne heure, que son existence n'a pas été reconnue jusqu'ici.
8. L'indépendance ou l'union des filets staminaux sert à M. Bentham pour distinguer deux séries des *Acacieæ* et des *Ingeæ*, que nous ne pouvons séparer l'une de l'autre pour les motifs énoncés plus haut (p. 43, 44).

régions tropicales et subtropicales des deux mondes, et ne dépassant guère une zone de quarante degrés de chaque côté de l'Équateur. Des vingt-huit genres que nous conservons, cinq seulement sont spéciaux à l'Amérique, les *Plathymenia*, *Stryphnodendron*, *Lysiloma*, *Enterolobium* et *Affonsea*, et huit à l'ancien monde, savoir, les *Pentaclethra*, *Elephantorrhiza*, *Gagnebina*, *Tetrapleura*, *Xerocladia*, *Serianthes*, *Xylia* et *Archidendron*. Les cinq premiers n'ont été observés que dans l'Afrique tropicale ou à Madagascar; les trois derniers, dans l'Asie ou l'Océanie. L'*Archidendron*, genre monotype, est uniquement australien. Quant aux genres qui se trouvent dans presque toutes les régions chaudes, leur distribution y est fort inégale en général. Ainsi, il y a des *Mimosa*, des *Calliandra*, des *Pithecolobium* et des *Acacia* dans tous les pays chauds du monde; mais, sur près de quatre-vingts espèces, le genre *Calliandra* n'en compte qu'une dans l'ancien monde; les *Pithecolobium* sont fort rares en Asie et en Afrique, et très-répandus, au contraire, en Amérique; les *Mimosa* sont aussi pour la plupart américains. Quant au genre *Acacia*, il est plus commun dans l'Afrique tropicale et australe que dans toute autre portion de l'ancien monde, puisque les flores du Cap, du Sénégal et d'Abyssinie en comptent plus de cinquante espèces; mais il affecte surtout une zone d'élection dans l'Australie et les parties voisines de l'Océanie; si bien qu'on en connaît, à l'heure qu'il est, près de trois cents espèces qui croissent spontanément à la Nouvelle-Hollande, c'est-à-dire un peu moins des trois quarts du genre tout entier.

Les Mimosées ont des propriétés nombreuses [1], parmi lesquelles se font remarquer, avant tout, l'astringence de leurs écorces, de leurs péricarpes, et la présence dans les premières d'une substance gommeuse, analogue à celle des Prunées. La gomme arabique et toutes celles qui lui ressemblent, au point de vue de la solubilité dans l'eau et des réactions chimiques, sont fournies par des Mimosées, et surtout par des *Acacia* [2]. On sait actuellement que la plus grande partie des gommes dites d'Arabie et du Sénégal sont produites par l'*A. arabica* [3], espèce répandue dans l'Inde, l'Égypte, l'Arabie, le Sénégal, et jusqu'au cap de Bonne-Espérance. Ses formes ou variétés principales sont au nombre

1. ENDL., *Enchirid.*, 683. — LINDL., *Veg. Kingd.*, 552; *Fl. medic.*, 268. — GUIB., *Drog. simpl.*, éd. 4, III, 300. — ROSENTH., *Syn. plant. diaphor.*, 1051, 1065.
2. H. BN, in *Dict. encycl. des sc. médic.*, I, 254; *Révision des* Acacia *médicinaux*, in *Adansonia*, IV, 85.
3. W., *Spec.*, IV, 1085. — DC., *Prodr.*, II, 461, n. 135. — H. BN, *loc. cit.*, 91, n. 8.

de quatre, qu'on a appelées [1] : *nilotica* [2], *tomentosa* [3], *indica* [4] et *Kraussiana* [5]. C'est la première de ces variétés qui constitue, en grande partie du moins, l'*A. vera* [6] des auteurs, plante qui a longtemps passé pour donner seule la gomme arabique. La gomme du Sénégal est exsudée principalement par la variété *tomentosa*, et la gomme de l'Inde par la variété *indica*. Cependant il y a, dans les pays d'où vient une gomme plus ou moins analogue à celle d'Arabie et du Sénégal, des *Acacia* d'espèces différentes qui en fournissent. Tels sont, au Sénégal, l'*A. adstringens* [7], qui donne la gomme *gonaté* ou *gonatié*, les *A. fasciculata* [8], *Neboueb* [9], *Senegal* [10], *Seyal* [11] et *Verek* [12] ; en Mauritanie, l'*A. gummifera* [13] ; dans l'Afrique orientale et en Arabie, les *A. Ehrenbergii* [14], *Seyal* [15], *tortilis* [16] ; dans l'Afrique australe, les *A. capensis, horrida;* dans l'Inde, l'*A. leucophlœa;* et dans l'Australie, les *A. decurrens* [17], *homalophylla* [18], *melanoxylon* [19], *mollissima* [20], *pycnantha* [21] et *Sophorœ* [22].

D'autres Mimosées que les *Acacia* proprement dits exsudent aussi des produits gommeux, et d'abord certaines espèces des sections *Albizzia* et *Zygia*. Dans l'Inde, on retire une sorte de gomme de l'*Acacia procera* [23]; une autre sorte, analogue à la gomme arabique, de l'*Acacia*

1. BENTH., in *Hook. Journ.*, I, 500.

2. *A. nilotica* DEL., *Fl. ægypt.*, 79. — *A. ægyptiaca* FABR. — *Mimosa arabica* POIR., *Dict.*, Suppl., I, 19. — *Spina ægyptiaca* PLUK., *Almag.*, 3. — *Spina Acaciæ* LOBEL. — *Sant, Sunt* des Égyptiens (voy. GUIB., *op. cit.*, III, 363. — H. BN, *loc. cit.*, 95 B.)

3. BENTH., *loc. cit.*, — H. BN, *loc. cit.*, 94 A. — *Acacia arabica* W., *Spec.*, IV, 1085. — DC., *Prodr.*, n. 134. — *Neb-neb* au Sénégal. — *Gommier rouge Neb-neb* ADANS.

4. BENTH., *loc. cit.*— *Mimosa arabica* ROXB., *Pl. coromand.*, II, 26, t. 149. — *Acacia vera altera* PLUK., *Almag.*, 3 (*Babool, Babula* au Bengale, *Burbura* en sanscrit, *Nella Tooma* en cingalais).

5. BENTH., *loc. cit.*— H. BN, *loc. cit.*, 96 D.

6. W., *Spec.*, IV, 1085. — DC., *Prodr.*, n. 134. — VALM. DE BOM., *Dict.*, I, 81.

7. H. BN, *loc. cit.*, 88. — *A. Adansonii* GUILLEM. et PERR., *Fl. Seneg. Tent.*, I, 249. — *Mimosa adstringens* SCHUM. et THÖNN., *Beskr.*, 2.— *Gommier rouge Gonaké* ou *Gonatié* ADANS.

8. GUILL. et PERR., *op. cit*, 252. — H. BN, *loc. cit.*, 106, n. 15. — *Troisième espèce de Gommier* ADANS.

9. Ce nom se rapporte peut-être à l'une des formes de l'*A. arabica* (voy. H. BN, *loc. cit.*, 117, n. 29).

10. W., *Spec.*, IV, 1077 ?—H. BN, *loc. cit.*, 121, n. 42.

11. DEL., *Fl. ægypt.*, 142, t. 52, fig. 2. — H. BN, *loc. cit.*, n. 43.

12. GUILL. et PERR., *op. cit.*, 245, t. 56.— GUIB., *op. cit.*, III, 408.— H. BN, *loc. cit.*, 125, n. 49.

13. W., *Spec.*, IV, 1056. — DC., *Prodr.*, n. 67. — BENTH., *loc. cit.*, 500, n. 256. — GUIB., *loc. cit.*, 408. — H. BN, *loc. cit.*, 108, n. 17.

14. NEES, *Pl. medic.*, 413.— H. BN, *loc. cit.*, 104, n. 13.

15. Voyez note 11.

16. FORSK., *Fl. ægypt. arab.*, I, 176.—H. BN, *loc. cit.*, 124, n. 46.

17. W., *Spec.*, IV, 1072. — H. BN, *loc. cit.*, 103, n. 12.— *Mimosa decurrens* VENT., *Malm.*, t. 61.

18. A.CUNN., ex BENTH., *loc. cit.*, 365, n. 148. — H. BN, *loc. cit.*, 109, n. 19.

19. R. BR., *Hort. kew.*, V, 462. — H. BN, *loc. cit.*, 114, n. 27.

20. W., *Enum.*, 1053.— DC., *loc. cit.*, n. 221. — LINDL., *Fl. med.*, 270. — H. BN, *loc. cit.*, 116, n. 28. — *Wattel* des Australiens.

21. BENTH., *loc. cit.*, 351, n. 98. — H. BN, *loc. cit.*, 119, n. 38.

22. R. BR., *Hort. kew.*, V, 462.—H. BN, *loc. cit.*, 122, n. 44. Outre diverses substances astringentes, ces cinq dernières espèces fournissent le *South Australian gum* des Anglais (voy. LINDL., *Fl. med.*, 270).

23. W., *Spec.*, IV, 1063.— *Mimosa procera* ROXB., *Pl. coromand.*, II, 12, t. 121; *Fl. ind.*, II, 548. — *M. coriacea* BLANC., *Fl. d. Filipp.*, 734?. — *Albizzia procera* BENTH., in *Hook. Journ.*, III, 89.

Lebbek[1], et un produit du même genre à Java, de l'*A. stipulata*[2]. L'espèce prototype de la section *Vachellia*, l'*A. Farnesiana*[3], est recherchée à Java pour la gomme qu'elle fournit. Dans l'Amérique du Nord, on connaît aussi une gomme particulière, dite *mezquite*[4], qui découle du tronc du *Prosopis glandulosa*[5]; une autre gomme, nommée *copaltic*, suinte, aux Antilles, de l'écorce du *Calliandra portoricensis*[6]. La gomme de Sassa, dont les propriétés se rapprochent plus de celles de la gomme adraganthe que de celles des gommes précédentes, provient, dit-on, de l'un des deux *Sassa* de BRUCE[7], rapportés actuellement à la section *Zygia* du genre *Acacia* (fig. 34, 35).

A côté des gommes, se placent quelques produits mucilagineux, dus à plusieurs Mimosées. L'*Acacia concinna*[8], qui croît dans l'Inde, et qu'on a introduit à Bourbon et à Maurice, a aussi été appelé *Mimosa Saponaria*[9], parce qu'il a la propriété de rendre l'eau savonneuse. On l'emploie, comme nos Saponaires, dans la médecine et l'économie domestique. Dans les énormes gousses de l'*Entada scandens*[10], on trouve dans les graines, et autour d'elles, dans les fruits encore verts, une substance mucilagineuse qui existe aussi dans le liber, et qui, dans l'Inde, sert à préparer une décoction dont on lave la tête et les cheveux.

Quelques Mimosées fournissent des aliments ou des boissons fermentées, par leurs graines, qui renferment de la fécule, du sucre, ou des matières grasses. Le *Parkia biglobosa*[11] est célèbre à cet égard en Afrique. On fait griller ses graines comme celles du Caféier; on les brise et on les laisse fermenter dans l'eau. Alors qu'elles commencent à se putréfier, on les lave et on les réduit en poudre. On obtient de la sorte une farine alimentaire dont on fait des tablettes analogues à celles du chocolat: c'est un condiment qui se mêle aux viandes cuites. Les graines

1. W., *loc. cit.*, 1066. — *A. speciosa* W., *loc. cit.* — *Mimosa Sirissa* ROXB., *Fl. ind.*, II, 544. — *M. Lebbek* L. — *Albizzia Lebbek* BENTH., *loc. cit.*, 87. — C'est le *Bois à frire* ou *à friture* des Antilles; au Malabar, *Cautwallee*; *Cirsa* ou *Shirisha* des Bengalais; au Coromandel, *Cotton-varay*.

2. DC., *Prodr.*, *loc. cit.*, 460, n. 209. — *Mimosa stipulata* ROXB., *Cat.*, 40. — *Albizzia stipulata* BOIV., *loc. cit.*

3. Voy. page 43, note 1. — GUIB., *Drog. simpl.*, éd. 4, III, 366, fig. 358. — ROSENTH., *op. cit.*, 1058.

4. ROSENTH., *op. cit.*, 1052.

5. TORR., in *Ann. Lyc. New-York*, II, t. 2. — *Algarobia glandulosa* TORR. et GR.

6. BENTH., in *Hook. Journ.*, II, 138. — *Acacia portoricensis* W., *loc. cit.*, 1067.

7. *Voy.*, trad. CASTER., V, 39, t. 4, 5.

8. DC., *loc. cit.*, 464, n. 159. — H. BN, *loc. cit.*, 100, n. 11. — *Mimosa concinna* W., *loc. cit.*, 1039.

9. ROXB., in herb. LAMB., ex DC., *loc. cit.*

10. *E. Gigalobium* DC., *Mém. Légum.*, 12. — *E. Pursætha* DC., *loc. cit.* — *Mimosa scandens* L., W., SW., ROXB. (voy. p. 28, note 1. — GUIB., *op. cit.*, III, 300. — ENDL., *Enchirid.*, 683. — ROSENTH., *op. cit.*, 1054).

11. *P. africana* R. BR., in *App. Denh.*, 234. — *Inga biglobosa* W., *Spec.*, IV, 1025? — P. BEAUV., *Fl. owar. et ben.*, II, 53, t. 90. Quelques *Parkia* indiens ont des propriétés analogues. Leurs graines sont souvent amères (voy. ROSENTH., *op. cit.*, 1051).

sont entourées d'une substance farineuse qui sert à préparer un aliment et une boisson. Le *Pois doux* de Saint-Domingue, ou *Prosopis fæculifera* Desvx, renferme dans ses gousses une pulpe sucrée et alimentaire. En Tasmanie, on fait rôtir les gousses de l'*Acacia Sophoræ* [1], pour manger les graines féculentes. L'*Inga tetraphylla* Mart. a les semences entourées aussi d'une matière douce, parfumée. Les gousses du *Prosopis Algarobia* [2] sont également sucrées et alimentaires. Aussi la boisson fermentée qu'on nomme *chica* dans l'Amérique du Sud, est-elle souvent, dit-on, préparée avec ces gousses et les graines qu'elles renferment. On rapporte que les vieilles femmes passent leur temps, dans ce pays, à transformer la fécule de ces fruits en glycose, par une mastication et une insalivation prolongées; après quoi le bol, traité par l'eau, subit aisément la fermentation alcoolique. Plusieurs autres *Prosopis* de la section *Algarobia* ont des fruits comestibles, plus ou moins pulpeux et sucrés, notamment le *P. dulcis* K. [3], de la Nouvelle-Espagne; le *P. horrida* K. [4], ou *Algarobe* des Andes; et le *P. iuliflora* DC. [5], des Antilles, ou *Petite Algarobe*, *Algaroville*, *Cashew*, espèce qui produit par incision une certaine quantité de gomme, et dont les fruits servent surtout à l'alimentation du bétail [6]. On cite encore comme alimentaires les fruits d'un grand nombre d'autres *Inga*, *Pithecolobium*, *Leucæna*, etc. [7].

On a remarqué cependant que des principes âcres, dangereux, peuvent çà et là se trouver mêlés aux substances alimentaires qui se rencontrent dans les fruits ou les graines des Mimosées. Ainsi le *P. iuliflora* lui-même peut devenir nuisible dans certaines circonstances [8]. Les graines de l'*Entada scandens* sont employées comme vomitif dans l'Inde et à Java. Plusieurs *Mimosa* sont purgatifs. La pulpe de l'*Inga vera* [9] est laxative. En distillant, dans l'Inde, l'écorce des *Acacia ferruginea* [10]

1. R. Br., *Hort. kew.*, éd. 3, V, 462. — H. Bn, *loc. cit.*, 123, n. 44.— Benth., *Fl. austral.*, II, 398 b.

2. Voy. H. Bn, in *Dict. encycl. des sc. méd.*, II, 746.

3. *Mimos.*, 110, t. 34. — H. B. K., *Nov. gen. et spec.*, VI, 307.— DC., *Prodr.*, II, 447, n. 4. — *Acacia lævigata* W., *Spec.* IV, 1059. — *A. edulis* W., *Enum.*, 1056 ? On attribue les mêmes propriétés aux *P. Siliquastrum* DC. (n. 8) et *flexuosa* DC. (n. 9), qui habitent le Chili (voy. Rosenth., *op. cit.*, 1052).

4. *Mimos.*, 106, t. 33. — DC., *loc. cit.*, n. 1.

5. DC., *loc. cit.*, n. 13. — *Mimosa iuliflora* Sw., *Prodr.*, 85. — *M. piliflora* Sw., *Fl. ind. occ.*, 986.— *Acacia falcata* Desf ? (voy. H. Bn, *loc. cit.*, n. 3).

6. Aussi utiles dans ce cas, d'après Macfadyen (*Fl. jam.*, I, 312), que les céréales.

7. Voy. Rosenth., *op. cit.*, 1063-1065. Les *Pithecolobium dulce* Benth., *salutare* Benth., *parvifolium* Benth., les *Inga edulis* Mart., *sapida* H. B. K., *dulcis* Mart., *punctata* W., etc., sont surtout dans ce cas.

8. Alors que, d'après Macfadyen, la pluie a mouillé les graines, qui germent alors dans l'estomac des bestiaux, avec dégagement d'acide carbonique.

9. W., *Spec.*, IV, 1014.—DC., *Prodr.*, n. 18. — *Mimosa Inga* L., *Spec.*, 1493 (voy. Rosenth., *op. cit.*, 1064).

10. DC., *op. cit.*, 458, n. 105.—H. Bn, *loc. cit.*, 107, n. 16. — *Mimosa ferruginea* Roxb., *Fl. ind.*, II, 561.

et *leucophlœa* [1] avec la séve sucrée des Palmiers, on obtient une liqueur fermentescible, vénéneuse. La racine de plusieurs *Mimosa* brésiliens est toxique. Celle du *M. pudica* L. a une odeur désagréable et est irritante. La graine pulvérisée du *M. acacioides* Benth. sert, à la Guyane, de poudre sternutatoire. C'est probablement à cause d'une vertu analogue que le célèbre *Mouçenna* [2] des Abyssins a la propriété d'être un excellent médicament contre les helminthes, notamment contre le ténia. C'est dans son écorce que l'*Acacia anthelminthica* [3] présente cette propriété, analogue à celle du Kousso, mais plus prononcée, à ce qu'il paraîtrait, puisque en Abyssinie on regarde le *Mouçenna* comme supérieur en action, et comme tuant certainement les vers dont le Kousso n'expulserait souvent qu'une portion [4].

L'astringence est une des propriétés les plus prononcées des Mimosées, qui sont en effet des plantes riches en tannin. Elles en contiennent beaucoup dans leurs fruits, car les *Bablabs* [5] du commerce, tant employés dans la teinture et le tannage des peaux, sont des fruits d'*Acacia* proprement dits, ou de plantes extrêmement voisines. Ceux de l'*A. arabica*, de l'*A. Adansonii* et de l'*A. Seyal* [6] sont fréquemment importés en Europe. Ceux de l'*A. Farnesiana* sont plus fréquemment appelés *Balibabulah* [7]. Tous sont employés, dans leur pays natal, à préparer des infusions et des décoctions astringentes, recommandées surtout dans les affections inflammatoires de la peau, des muqueuses, des yeux, de la gorge. Les fruits des *Parkia* [8] ont aussi un péricarpe astringent, et de même ceux des *Prosopis*, qu'on appelle dans l'Amérique du Sud *Alga-*

1. W., *Spec.*, IV, 1063. — DC., *loc. cit.*, 462, n. 12. — H. Bn, *loc. cit.*, 113, n. 25. On lui a attribué la production de la gomme *Kutera*, rapportée par d'autres (Guib., *op. cit.*, III, 421) à une Cactée ou à une Ficoïdée.

2. Ou *Abousenna*, *Boucenna*, *Bessenna*, *Mesenna*, *Mussena;* au Tigray, *Bicinna ;* à Sawa, *Kumada*.

3. *Besenna anthelminthica* A. Rich., *Tent. fl. abyss.*, I, 253. — *Albizzia anthelminthica* Ad. Br., in *Bull. Soc. bot. de Fr.*, VII, 902.— Fourn., *Des ténif. empl. en Abyss.*, Thèses de Par. (1861), 37 ; in *Ann. sc. nat.*, sér. 4, XIV, 380, t. 14. — Moq., *Bot. méd.*, 145. — H. Bn, in *Dict. encycl. des sc. médic.*, II, 416.

4. Le *Mouçenna*, au contraire, réduit le ver en une sorte de bouillie, et il est considéré en Abyssinie comme supérieur en action au Kousso ; mais on emploie de préférence ce dernier, qui n'expulse que des portions de ténia, parce que l'on ne veut pas, en général, se débarrasser complétement de cet helminthe. C'est la poudre de l'écorce qu'on emploie, à la dose d'une soixantaine de grammes. Cette écorce est épaisse de 2 à 5 millimètres, lisse ou fendillée, grisâtre en dehors, verdâtre dans les points dénudés, jaunâtre et pâle à l'intérieur. Sa saveur est douceâtre, puis astringente, et enfin nauséeuse. On a préparé avec l'écorce un extrait qui a été quelquefois employé avec succès. En Europe, les effets obtenus de l'administration du *Mouçenna* ont été souvent contradictoires. L'écorce des grosses branches ou du tronc passe pour être plus active que celle des jeunes rameaux. On a extrait de ce médicament une résine âcre, acide, soluble dans l'ammoniaque, grisâtre, très-sapide.

5. De l'indien *Babul, Babula* (voy. Guib., *Drog. simpl.*, éd. 4, III, 365. — H. Bn, in *Dict. encycl. des sc. méd.*, VIII, 2). On distingue les *Bablabs* d'Egypte, ceux de l'Inde et ceux du Sénégal.

6. Ce sont les *Bablabs* du Sénégal.

7. Ou *Balibulah* (voy. H. Bn, *loc. cit.*).

8. Rosenth., *op. cit.*, 1051. Les graines du *P. intermedia* Hassk. sont toniques et amères.

robo, ceux des *Angico* et des *Barbatimão* du Brésil, dont nous parlons un peu plus loin, ceux des *Inga*, souvent nommés *Algarovilla*[1] en Amérique, ceux des *Enterolobium*[2] et des *Pithecolobium*[3] américains. C'est du péricarpe de plusieurs *Acacia* égyptiens, notamment de l'*A. arabica*, var. *nilotica*, qu'on extrait le suc d'Acacia, préparé avec les gousses non mûres, pilées et fortement pressées. Ce suc, rare aujourd'hui en Europe, a été préconisé contre les ophthalmies, les dysenteries, les affections scorbutiques. Les fruits des *A. melanoxylon* et *homalophylla*, espèces australiennes, peuvent, dit-on, fournir un suc analogue. L'astringence des péricarpes se retrouve dans des productions morbides, analogues aux bédégars, qu'un gallinsecte produit en Égypte, sur les branches de l'*A. Raddiana*[4], et qui servent à guérir l'odontalgie.

L'astringence est souvent encore plus prononcée dans l'écorce et le bois des tiges et des rameaux. C'est de ceux de l'*Acacia Catechu*[5] qu'on extrait, par cuisson dans l'eau, plusieurs sortes de cachous de l'Inde, notamment ceux que Guibourt[6] a appelés : C. brun siliceux, noir mucilagineux; C. du Pégu en masses, lenticulaire; C. terne parallélipipède; C. brun siliceux, brun rouge polymorphe, et blanc enfumé. En somme, d'après Pereira[7], les cachous qui viennent du Bengale, et qui sont extraits des *Acacia*, sont de qualité inférieure. Beaucoup d'autres *Acacia* ont une écorce extrêmement astringente, employée en médecine, ou dans l'industrie pour la teinture ou le tannage des peaux. Presque toutes les espèces qui fournissent de la gomme sont dans ce cas, notamment les *A. arabica*, *Adansonia*, *Ehrenbergii*, *peregrina*, *Seyal*, *Verek*, etc. Les espèces australiennes qui donnent un suc gommeux servent aussi à préparer un extrait, dit en Angleterre : de *Mimosa Bark*, très-analogue au cachou. Ce sont principalement les *A. decurrens*, *homalophylla*[8], *melanoxylon*, *mollissima*[9], *pycnantha*, etc.[10], Beaucoup d'autres *Acacia* proprement dits ont des écorces riches en tannin; mais la vertu astringente et tonique paraît surtout développée dans les anciennes espèces de *Mimosa* et d'*Acacia*, qu'on nomme vulgairement, au Brésil, « écorces de jeunesse et de virginité[11] », et qui sont principa-

1. Voy. Guib., *op. cit.*, 369. — H. Bn, in *Dict. encycl. des sc. médic.*, II, 746.
2. *Jaboncillo* des Colombiens.
3. Voy. Rosenth., *op. cit.*, 1063.
4. Savi, *S. alc. Acac. egiz.*, Pise, 1830. — H. Bn, in *Adansonia*, IV, 120, n. 39.
5. W., *Spec.*, IV, 1079. — H. Bn, in *Adansonia*, IV, 98, n. 10. — *A. polyacantha* W., *loc. cit.* — *A. catechuoides* Roxb., *Fl. ind.*, II, 562? — *A. Wallichiana* DC., *Prodr.*, II, 458. — *Mimosa Catechu* Roxb., *op. cit.*, 563 (voy. p. 41, 44, fig. 29-31).
6. *Drog. simpl.*, éd. 4, III, 374, 383.
7. *Elem. Mat. med.*, éd. 5, II, p. II, 339. — Lindl., *Fl. med.*, 268.—Rosenth., *op. cit.*, 1057.
8. *Myall* des Australiens.
9. *Waltel* des Australiens.
10. Voy. Lindl., *Fl. med.*, 270. — H. Bn, in *Adansonia*, IV, 103, 109, 114, 116, 119.
11. Pis., *Brasil.*, 77.

lement les *Angico*[1], *Barbatimão*[2], *Avaremotemo*[3] et *Jurema*[4]. Plusieurs *Calliandra*, comme le *Tendre-à-caillou*[5] et le *C. grandiflora*[6], du Mexique, sont dans le même cas; le dernier est surtout préconisé contre les flux et les affections de poitrine. C'est comme astringents sans doute qu'en Amérique on recherche le *Mimosa Sensitiva*[7] dans le traitement des fistules et des hémorrhoïdes; le Condori de l'Inde[8], contre les inflammations des muqueuses, les rhumatismes; le *Pithecolobium Unguis-cati*[9] et les *Inga vera*[10] et *Burgoni*[11], contre les phlegmasies catarrhales et les flux; que dans l'Asie tropicale on lotionne les organes enflammés ou contus avec la décoction de plusieurs *Mimosa*, *Leucæna* et *Acacia*[12]; que plusieurs *Albizzia* sont employés aux mêmes usages, notamment l'*A. micrantha*[13], qui produit une sorte de cachou; qu'à Java et dans l'archipel Indien, plusieurs *Pithecolobium* sont usités contre les phlegmasies de la peau, du pharynx, des voies urinaires et de l'appareil respiratoire[14]; que l'*A. ferruginea*[15] est préconisé contre les affections scorbutiques.

Quelques Mimosées ont des graines huileuses, comestibles, plus ou moins analogues pour le goût aux noisettes : l'*Acacia lucida*[16], le *Pithecolobium lobatum*[17], et plusieurs autres. L'embryon du *Pentaclethra macrophylla*[18], du Gabon, est extrêmement riche en huile qu'on pourrait exploiter; les indigènes mangent cet embryon. Dans plusieurs *Nep-*

1. *Piptadenia colubrina* BENTH., in *Hook. Journ.*, IV, 334. — *Acacia Angico* MART. — SALDANHA, *Config.* . . . . *das pr. madeir.*, etc. (1865), 126, *Icon.*

2. *Stryphnodendron Barbatimao* MART. — GUIB., *Drog. simpl.*, éd. 4, III, 306. — H. BN, in *Dict. encycl. sc. méd.*, VIII, 340. — *Inga Barbatimao* ENDL. — *Acacia adstringens* MART. On prescrit son usage au Brésil, dans les cas de plaies, de brûlures et même de hernies.

3. *Pithecolobium Avaremotevo* MART. — *Inga Avaremotevo* ENDL. — *Mimosa cochliocarpos* GOM. — *Acacia virginalis* POHL. — *Abaremo-temo* PIS., *loc. cit.* — *Brincos de Sahoim* des Brésiliens (voy. ROSENTH., *op. cit.*, 1063).

4. *Stryphnodendron Jurema* LINDL., *Veg. Kingd.*, 553. — *Acacia Jurema* MART. — GUIB., *op. cit.*, 306. — ROSENTH., *op. cit.*, 1059. Le *Nupa* ou *Nuipa* des Américains (*Acacia Niopo* H. B. K.) a des propriétés analogues, mais il est en même temps excitant, et sa poudre sert de tabac, comme celle du *Mimosa acacioides*.

5. *C. tetragona* BENTH. — *Acacia tetragona* W. — *A. quadrangularis* LAMK.

6. BENTH. — *Acacia grandiflora* W. — *Inga anomala* DC., part. (ROSENTH., *op. cit.*, 1062).

7. L., *Spec.*, 1501. — DC., *Prodr.*, n. 3. — ROSENTH., *op. cit.*, 1053.

8. *Adenanthera pavonina* L. (voy. p. 22, 23, fig. 15-19). — ROSENTH., *op. cit.*, 1051.

9. BENTH. — *Inga Unguis-cati* W., *Spec.*, IV, 1006. — *I. guadalupensis* DESVX.

10. W., *op. cit.*, IV, 1014. — DC., *Prodr.*, II, 433, n. 18.

11. DC., *op. cit.*, n. 26. — *Mimosa Bourgoni* AUBL., *Guian.*, II, t. 358. — *M. fagifolia* L., *Spec.*, 1498.

12. Voy. ROSENTH., *op. cit.*, 1053-1062.

13. *Acacia odoratissima* W., *op. cit.*, 1063. — *Albizzia micrantha* BOIV., in *Encycl. du XIXe siècle*, II, 34. — *Cherymaram* au Malabar. — *Tarriesia* HASSK., *Cat. hort. bog.*, 291.

14. ROSENTH., *op. cit.*, 1063.

15. DC., *Prodr.*, II, 458, n. 105. — H. BN, in *Adansonia*, IX, 107, n. 16. — *Mimosa ferruginea* ROXB., *Fl. ind.*, II, 561.

16. *Mimosa lucida* ROXB., *Fl. ind.*, II, 544. — *Albizzia lucida* BENTH., in *Hook. Journ.*, III, 86.

17. BENTH. — ROSENTH., *op. cit.*, 1063. — *Mimosa Jiringa* JACK. — *M. Kœringa* ROXB.

18. BENTH. — H. BN, in *Adansonia*, VI, 204, t. IV, fig. 5. — *Owala* des Gabonais.

tunia, les parties comestibles sont les bourgeons et les jeunes pousses, qui servent de légumes [1]. Quelques espèces renferment une huile volatile odorante; elle abonde dans les fleurs, souvent jaunes, des *Acacia* australiens, dont le parfum est très-suave, et qui font en grand nombre, à la fin de l'hiver, l'ornement de nos serres froides et tempérées, et surtout dans les fleurs de Cassie, c'est-à-dire de l'*Acacia Farnesiana* [2], qui servent à préparer une essence à odeur délicieuse, douée de propriétés stimulantes. Quelques espèces ont encore un arome dans leurs feuilles, qui sont employées en infusion, à peu près comme le thé : tels sont les *Acacia Julibrissin* W. et *angustifolia* WENDL [3].

Les matières colorantes sont rares dans ce groupe. Toutefois le bois du Condori de l'Inde fournit une teinture rouge, le *rukta-chundun* des Indiens. L'*Acacia Bambolah* ROXB., ou Arbre à galles de l'Inde, a des gousses qui constituent une sorte de Bablabs et sont riches en matière colorante. L'*A. heterophylla* W., des îles Sandwich, a un bois également imprégné d'une substance tinctoriale jaune, avec des mouchetures plus foncées. Le *Pithecolobium Clypearia* [4], de l'Asie austro-orientale, contient, outre du tannin en quantité, une teinture qui sert à colorer les filets, qu'elle rend incorruptibles. Il y a une belle couleur cramoisie dans les fleurs du *P. Junghuhnianum* BENTH., un des plus beaux arbres, à l'époque de la floraison, qu'on puisse admirer à Java. Le *P. parvifolium* [5], des Indes occidentales, renferme dans ses gousses une substance tinctoriale d'un beau jaune orangé, qu'on obtient en écrasant la pulpe ; et l'*Inga marginata* [6], de la Guyane et des contrées voisines, possède une écorce riche en tannin, et qui sert à teindre les étoffes grossières et même les bois.

Quoique beaucoup moins utiles à cet égard que les Cæsalpiniées, les Mimosées ont cependant assez souvent un bois de bonne qualité, recherché pour la charpente, l'ébénisterie, les ouvrages de tour. Dans l'Inde, on se sert du bois des *Acacia arabica* et *Farnesiana* pour fabriquer des essieux, des roues. Les *A. cinerea*, *odoratissima*, *Sundra*, *stipulacea*, ont un bois d'une certaine valeur. Celui de l'*A. speciosa* est de couleur foncée et d'un grain serré; il sert à fabriquer des meubles. C'est une Mimosée des forêts brésiliennes qui fournit, dit-on, le beau bois de

1. LOUR., *Fl. cochinch.*, ed. ulyssip. (1790), 654. — ROSENTH., *op. cit.*, 1053.
2. Voy. page 43, notes 1, 2.
3. *A. odorata* DESVX.
4. BENTH. — ROSENTH., *op. cit.*, 1063. — *Inga Clypearia* JACK. — *Acacia magnifolia* JUNGH. — *Mimosa trapezifolia* ROXB.
5. BENTH. — *Inga Marthæ* SPRENG., ex DC., *Prodr.*, II, 441, n. 103. Le fruit partage avec plusieurs autres, aux Antilles, le nom d'*Algarovilla*.
6. W. (nec H. B. K., *Nov. gen. et spec.*, VI, 285). — *Mimosa fagifolia* L. (ex ROSENTH., *op. cit.*, 1065).

Jacaranda ou de Roses du commerce; son odeur est, en effet, fort agréable [1]. On attribue au même groupe les excellents bois du même pays, dits *Cabuy*, *Jacaré*, *Monjolo-ferro* [2]. Le bois d'Angico du commerce provient, à ce qu'on assure, non du *Piptadenia* qui donne les gousses d'Angico [3], mais bien du *Pithecolobium gummiferum* [4]. Le *P. filicifolium* BENTH. [5], des Antilles et du Mexique, sert dans l'ébénisterie; il en est de même du *P. Unguis-cati*, des Indes occidentales, qui donne l'un des *Tendre-à-caillou* des Antilles, et, dans l'archipel Indien, du *P. montanum* BENTH. [6], à bois solide et flexible, et du *P. umbellatum* [7] BENTH., dont le tissu, dur et serré, ne se laisse fendre que difficilement. Les tiges du *P. Clypearia* servent, dans l'Asie tropicale, à la construction des embarcations; mais leur résistance à l'action de l'eau et leur durée sont peu considérables. Le bois du *Calliandra tetragona* [8] est le véritable *Tendre-à-caillou* de Caracas. Le *Lysiloma Sabica* BENTH., de Cuba, est un bel arbre qui donne le vrai bois de *Sabica* des Antilles.

Les *Inga* ont rarement les tiges volumineuses. Celles de l'*I. Bourgoni*, de la Guyane, sont employées sous le nom de Palétuvier de montagne. Le bois du Condori est usité dans la charpente. L'*Adenanthera falcata* L., des Moluques, sert à fabriquer de solides boucliers. En Océanie, on fait aussi des armes, des outils, avec le bois du *Leucæna glauca* [9]. Celui du *L. odoratissima* HASSK. est très-estimé pour les constructions; de même celui du *Xylia dolabriformis* [10], dans l'Inde orientale. Les branches du *Dichrostachys cinerea* [11] servent, dans le même pays, à la fabrication des rames. Beaucoup d'*Acacia* proprement dits, entre autres les espèces à gomme, ont un bois estimé, plus ou moins dur et coloré. Celui de l'*A. arabica*, teinté en rouge clair, est le *B. de Diababul* [12] des auteurs. Les *A. Cavenia* [13], *catechuoides* ROXB. et *horrida* W. sont estimés pour les constructions et comme combustible; les cendres du premier servent à la préparation du savon dans l'Amérique australe, et le dernier s'emploie au Cap, en fumigations contre les crampes, l'épilepsie, etc. Le bois jaune et tacheté de l'*A. heterophylla* W. sert à fabriquer des embar-

1. Voy. LINDL., *Veg. Kingd.*, 553.
2. SALDANHA, *op. cit.*, 126, n. 33-35.
3. Son bois est cependant beau et assez estimé. Son poids spécifique est de 1,063 (SALDANHA, *op. cit.*, 92).
4. MART., ex ROSENTH., *op. cit.*, 1064. L'arbre fournit aussi de la gomme.
5. *Acacia arborea* W., *op. cit.*, IV, 1064. — *Mimosa filicifolia* LAMK, *Dict.*, I, 12.
6. *P. falcifolium* HASSK.
7. *Mimosa umbellata* VAHL, *Symb. bot.*, II, 103. — *Inga umbellata* W., *op. cit.*, IV, 1027.
8. BENTH., in *Hook. Journ.*, II, 138. — *Acacia tetragona* W.
9. BENTH., in *Hook. Journ.*, IV, 416. — *Acacia glauca* W.
10. Voy. page 27, note 2.
11. W. et ARN., *Prodr.*, I, 271. — *Desmanthus cinereus* W., *op. cit.*, IV, 1048. — *Mimosa cinerea* L., *Spec.*, 1505.
12. GUIB., *op. cit.*, III, 326.
13. HOOK. et ARN., ap. *Beech. Voy. Bot.*, 21. — ROSENTH., *op. cit.*, 1060 (*Caven*, *Espino*, *Flor de aroma* des Chiliens).

cations. Celui de l'*A. Coa* A. Gray est le *Koa* des îles Sandwich, aussi estimé que celui des *A. tenuifolia* W., *Kalkona* Roxb., *floribunda* W., *dodonæifolia* Desf., pour la menuiserie et l'ébénisterie. Le beau bois, à demi-noirâtre, de l'*A. melanoxylon*[1] et le charmant bois à odeur suave, dit *Violet wood*, de l'*A. homalophylla*[2], sont classés parmi les produits les plus remarquables que fournissent à l'ébénisterie fine les Légumineuses australiennes. L'*A. scleroxylon* Tuss. est aussi un des *Tendre-à-caillou* des Antilles. Dans la section *Albizzia*, il y a quelques espèces à bois estimé : les *A. odoratissima*[3], *Lebbek*[4], *Julibrissin*[5], *stipulata*[6]. L'*A. montana*[7] de Java est le *Caju Ticcos major*, ou *Grana Bois de souris* : il est joli, facile à polir, et sert à préparer des boîtes élégantes. Mais son odeur particulière a la propriété d'attirer les souris ; elle le fait employer cependant quelquefois comme condiment culinaire.

1. R. Br., in *Ait. Hort. kew.*, V, 462. — H. Bn, in *Adansonia*, IV, 114, n. 27 (*Black wood* des Australiens).

2. A. Cunn., ex Benth., in *Hook. Journ.*, I, 365, n. 148. — H. Bn, in *Adansonia*, IV, 109, n. 19 (*Myall* des Australiens).

3. W., *op. cit.*, IV, 1063. — *A. similis* Zoll. — *Mimosa odoratissima* L., Suppl., 437. — *Albizzia micrantha* Boiv. — *A. odoratissima* Benth., *loc. cit.*

4. *A. speciosa* W., ex W. et Arn., *Prodr.*, I, 275. — *Mimosa Sirissa* Roxb., *Fl. ind.*, II, 554. — *M. Lebbek* Blanc., *Fl. d. Filipp.*, 133. — *Albizzia Lebbek* Benth., in *Hook. Journ.*, III, 87 (*Cotton varay* des Malabares, *Bois noir* à Pondichéry).

5. W., *op. cit.*, IV, 1065. — *Albizzia Julibrissin* Durazz., *loc. cit.*

6. DC., *Prodr.*, II, 469, n. 209. — *Mimosa stipulacea* Roxb., *Cat. hort. calc.*, 40. — *Albizzia stipulata* Boiv. — *Inga purpurascens* Bl. — *I. umbraculiformis* Jungh. (*Amlocko* des Bengalais, *Sengon*, *Djindjing* des Javanais).

7. Jungh., *Tijd. nat. Gesch.*, X, 246. — *A. vulcanica* Korth., in *Flora* (1827), 705. — *Inga montana* Jungh., in *Top. nat. Reis*, 288. — *Albizzia montana* Benth., in *Plant. Jungh.*, 267.

GENERA

I. ADENANTHEREÆ.

1. **Adenanthera** L. — Flores plerumque hermaphroditi, rarius polygami; receptaculo brevi concavo. Calyx gamosepalus 5, rarissime 4-dentatus; præfloratione valvata. Petala 5, rarissime 4, plus minus alte margine cohærentia, valvata, rarius apice subimbricata. Stamina 10, quorum 5 cum petalis alternantia, 5 autem opposita breviora; filamentis corollæ paulo supra basin insertis, liberis; antheris introrsis 2-locularibus 2-rimosis; connectivo glandula decidua breviter stipitata coronato; pollinis granulis ∞. Germen sessile v. breviter stipitatum, apice in stylum gracilem attenuatum; stigmate parvo terminali; ovulis parietalibus ∞, 2-serialibus descendentibus anatropis; micropyle extrorsum supera. Legumen lineare, sæpius incurvum falcatumve, compressum v. ad semina turgidum, 2-valve; valvis integris convexis, demum sæpius contortis, intus inter semina septis cum endocarpio continuis sæpe divisum. Semina crassa; integumentis duris concoloribus v. 2-coloribus, extus pulpa epidermidali involutis; albumine sat copioso carnoso corneove; embryonis inversi radicula brevi supera; cotyledonibus crassis carnosis, basi auriculatis in vaginam brevem circa radiculam coalitis. — Arbores inermes; foliis 2-pinnatis; foliolis ∞ -jugis; floribus racemosis spicatisve; spicis racemisve axillaribus v. ad apices ramorum paniculatis. (*Asia, Africa, Australia trop.*) — *Vid. p.* 22.

2. **Elephantorrhiza** Benth. — Flores hermaphroditi, rarius polygami (*Adenantheræ*). Legumen rectiusculum plano-compressum crasso-coriaceum; suturis persistentibus continuis; valvis solutis; endocarpio integro ab exocarpio secedente. Semina transversa orbiculata compressa. — Suffrutices humiles; rhizomate crasso; foliis 2-pinnatis; foliolis parvis ∞ -jugis; glandulis 0; floribus racemosis; racemis cylindricis,

nunc axillaribus, nunc in scapo brevi aphyllo pluribus. (*Africa austr.*). — *Vid. p.* 24.

3. **Stryphnodendron** MART. — Flores *Adenantheræ ;* receptaculo paulo latiore, intus disco 10-crenato glanduloso instructo. Legumen lineare compressum v. subcylindricum crassum, intus septis cum endocarpio continuis plus minus inter semina divisum ; mesocarpio carnoso subpulposo indehiscente ? Semina transversa.—Arbores parvæ inermes ; foliis 2-pinnatis ; foliolis ∞ -jugis sæpius latiusculis et basi inæquali subtus ad venarum axillas barbatis ; glandula petiolari majuscula ; jugalibus paucis ; floribus racemosis ; racemis axillaribus breviter pedunculatis ; pedicellis brevibus. (*America trop.*) — *Vid. p.* 25.

4. **Piptadenia** BENTH. — Flores *Stryphnodendri.* Legumen stipitatum v. subsessile lato-lineare membranaceum coriaceumve, 2-valve, intus continuum epulposum ; valvis integris ; seminibus compressis.—Arbores fruticesve, inermes v. aculeati ; foliis 2-pinnatis ; foliolis parvis ∞ -jugis v. rarius paucijugis majoribus ; glandulis petiolaribus jugalibusque raro deficientibus ; floribus spicatis racemosisve ; inflorescentiis longe cylindricis globosisve pedunculatis, axillaribus solitariis, sæpe ad apicem ramulorum paniculatis. (*America, Africa trop.*) — *Vid. p.* 25.

5. **Plathymenia** BENTH. — Flores *Stryphnodendri.* Legumen lato-lineare rectum plano-compressum tenue ; exocarpio continuo 2-valvi ; endocarpio secedente lomentaceo transverse articulato ; articulis circa semina singula inclusa transversa persistentibus. — Arbores fruticesve inermes ; foliis 2-pinnatis ; foliolis pinnisque sæpius ∞ -jugis ; glandulis petiolaribus jugalibusque rarissime 0 ; floribus in spicas racemosve cylindricos pedunculatos supra-axillares v. paniculatos dispositis ; axilla folii sæpe sub inflorescentia glandulam gemmulamve fovente. (*Brasilia.*) — *Vid. p.* 26.

6. **Xylia** BENTH. — Flores (*Adenantheræ*) 4, 5-meri ; receptaculo obconico ; staminibus 8-10 ; antheris glandula minuta stipitata decidua coronatis. Legumen sessile late falcatum plano-compressum crasso-lignosum, 2-valve, intus inter semina transversa obovato-compressa spurie septatum. — Arbor inermis ; foliis 2-pinnatis ; pinnis 1-jugis ; foliolis amplis paucijugis ; glandula petiolari plus minus prominula ; stipulis minutis deciduis ; floribus capitatis ; capitulis globosis pedunculatis

latis axillaribus fasciculatis v. ad apices ramorum racemosis. (*Asia trop.*) — *Vid. p.* 26.

7. **Entada** Adans. — Flores *Adenantheræ;* receptaculo brevi cupuliformi, intus discifero. Legumen rectum arcuatumve (in speciebus paucis maximum) plano-compressum; marginibus rectis v. inter semina nonnihil constrictis; pericarpio tenui submembranaceo coriaceove, rarius lignoso; suturis incrassatis persistentibus continuis; valvis lomentaceis transverse articulatis inter suturas secedentibus; endocarpio in articulis singulis 1-spermis circa semen orbiculatum crassum inclusum persistente et ab exocarpio secedente. — Frutices inermes, sæpe alte scandentes; foliis 2-pinnatis; pinnis jugi supremi nonnunquam in cirros volubiles mutatis; foliolis, aut parvis numerosis, aut paucis majoribus; stipulis parvis setaceis; glandulis petiolaribus 0; floribus spicatis; spicis tenuibus solitariis geminatisve in summis ramulis dispositis, nonnunquam in paniculam aphyllam racemosam approximatis. (*America, Asia, Oceania, Africa trop.*) — *Vid. p.* 27.

8. **Tetrapleura** Benth. — « Flores *Entadæ.* » Legumen oblongo-4-gonum, subrectum v. subfalcatum indehiscens crassum; suturis 2 et faciebus 2 pariter in alam crassam angulosam longitudinalem cruciatim productis; endocarpio incrassato intus inter semina singula compressa transversa spurie septato. — Arbor inermis; « foliis oppositis 2-pinnatis; foliolis parvis pinnisque ∞-jugis; floribus in racemos spiciformes cylindricos axillares dispositis. » (*Africa trop. occid.*) — *Vid. p.* 28.

9. **Gagnebina** Neck. — Flores *Adenantheræ;* receptaculo autem convexo; perianthio hypogyno. Legumen oblongo-lineare compresso-crassiusculum indehiscens; suturis membranaceo-alatis; endocarpio intus inter semina producto incrassato; locellis ∞, singulis semen 1 transversum ovatum foventibus. — Arbor inermis; foliis 2-pinnatis; foliolis parvis pinnisque ∞-jugis; glandula petiolari lata; jugalibus parvis setaceis; floribus spicatis; spicis cylindricis pedunculatis in axillis superioribus fasciculatis v. in summis ramulis paniculatis. (*Madagascaria.*) — *Vid. p.* 28.

10. **Prosopis** L. — Flores *Piptadeniæ;* glandula staminum forma varia, plerumque decidua, rarius 0. Legumen lineare crasso-compressum v. subteres, rectum falcatumve, circinatum durum (*Circinaria*), v. varie

contortum, rarius in spiram plus minus regularem densamque contortum (*Strombocarpus*), hinc rectum crassissimum (*Anonychium*), inde elongatum plano-convexum moniliformeve (*Algarobia*), rarius irregulariter incrassatum et corrugato-tortum (*Adenopis*), indehiscens; endocarpio cartilagineo papyraceove, sæpius cum septis inter semina singula producto, rarius septis evanidis intus continuo; mesocarpio tenui v. sæpius crasso spongioso. Semina ovata oblongave compressa. — Arbores fruticesve aculeati, spinis axillaribus sæpius armati; foliis 2-pinnatis; pinnis 1-2 v. raro ∞-jugis; foliolis sæpe rigidulis pauci v. multijugis; stipulis parvis v. 0; glandulis petiolaribus jugalibusque minutis v. 0; floribus in racemos, spicas v. capitulos globosos solitarios fasciculatosve axillares dispositis. (*Reg. trop. et subtrop. orbis totius.*) — *Vid. p.* 29.

11. ? **Xerocladia** Harv. — Flores 5-meri (*Prosopidis*); calyce profunde fisso; petalis infra medium cohærentibus. Stamina breviter exserta. Ovarium 1 v. pauciovulatum. Legumen sessile, plano-compressum indehiscens, 1-2-spermum « late falcato-ovatum v. semiorbiculare, ad suturam inferiorem arcuatam attenuatum aliforme ». — Fruticulus rigidus ramosissimus; foliis paucis 2-pinnatis; pinnis 1-2-jugis; foliolis parvis paucijugis; stipulis spinescentibus recurvis; floribus breviter spicatis subcapitatis axillaribus; pedunculo brevi. (*Africa austr.*) — *Vid. p.* 30.

12. **Dichrostachys** DC. — Flores 5-meri discolori, hermaphroditi polygamive, inferiores neutri. Calyx dentatus. Petala infra medium cohærentia, valvata. Stamina 10; filamentis in floribus hermaphroditis liberis gracilibus; in floribus neutris femineisve petaloideis filiformibusve, elongatis coloratis; antheris introrsis, apice glandula stipitata coronatis, in floribus neutris femineisve parvis cassisve, sæpius 0. Gynæceum *Prosipidis*. Legumen lineare compressum contortum coriaceum indehiscens, intus continuum; valvis rarius a suturis irregulariter secedentibus. Semina obovata compressa. — Frutices; ramulis sæpe abbreviatis, hinc inde spinescentibus aphyllis; foliis 2-pinnatis, in ramulis floriferis sæpe fasciculatis; foliolis parvis ∞-jugis; stipulis parvis deciduisve, v. in ramulis floriferis latioribus imbricatis; floribus spicatis; spicis cylindricis pedunculatis, solitariis geminisve, sæpe nutantibus, aut axillaribus, aut in ramulis brevissimis fasciculato-foliiferis terminalibus; floribus superioribus hermaphroditis; inferioribus neutris; mediantibus nonnunquam unisexualibus. (*Asia, Africa, Australia trop.*) — *Vid. p.* 30.

13. **Neptunia** Lour. — Flores *Dichrostachydis*, superiores hermaphroditi, inferiores sæpius masculi neutrive. Stamina 10 v. rarius 5. Gynæceum *Prosopidis ;* stigmate terminali concavo. Legumen oblique oblongum a stipite deflexum plano-compressum, membranaceo-coriaceum, 2-valve, intus inter semina spurie subseptatum. Semina transversa compressa. — Herbæ perennes v. suffrutices diffusi v. prostrati, sæpe natantes ; ramulis compressis triquetrisve ; foliis 2-pinnatis ; foliolis parvis ; petiolo raro glandulifero ; stipulis membranaceis oblique cordatis ; floribus capitulatis ; capitulis ovato-globosis, rarius obovatis, pedunculatis axillaribus solitariis ; floribus inferioribus neutris femineisve, filamentis longe petaloideis coloratis donatis. (*America*, *Asia*, *Africa trop. et subtrop.*) — *Vid. p.* 31.

II. EUMIMOSEÆ.

14. **Mimosa** L. — Flores 4-5, rarius 3, 6-meri, hermaphroditi polygamive ; receptaculo breviter concavo. Calyx gamosepalus membranaceus dentatus, valvatus, v. paleaceo–ciliatus, rarius subnullus. Petala plus minus alte connata, valvata. Stamina petalorum numero æqualia v. duplo pluria, libera, exserta ; antheris 2-locularibus introrsum rimosis eglandulosis ; pollinis granulis ∞. Germen sessile v. breviter stipitatum ; stylo terminali, apice truncato capitatove stigmatoso ; ovulis 2-∞ , descendentibus ; micropyle extrorsum supera. Legumen oblongum v. lineare, aut compressum, aut plus minus incrassatum, membranaceum coriaceumve, intus continuum septatumve ; valvis, hinc a margine continuo secedentibus integris, inde transversim et articulatim divisis. Semina ovata orbiculatave plano-compressa, sæpe albuminosa. — Herbæ fruticesve nonnunquam scandentes, arboresve rarius inermes aculeatæve ; foliis 2-pinnatis, rarius phyllodineis, sæpe sensitivis ; petiolis rarius glandulosis, sæpius stipellatis ; stipulis lateralibus membranaceis minimisve ; floribus in spicas v. capitula globosa in axillis singulis solitaria geminatave (in ramulo brevi axillari lateralia), rarius fasciculata, dispositis ; inflorescentiis nonnunquam in summis ramulis racemosis. (*America*, *Asia*, *Africa trop.*) — *Vid. p.* 32.

15. **Schranckia** W. — Flores 4-5-meri (*Mimosæ*). Legumen lineare, undique aculeatum, apice acutum acuminatumve ; valvis a margine

dilatato persistente secedentibus eoque angustioribus; raro latioribus inarticulatis. Semina oblonga, sub-4-gona, breviter funiculata. — Herbæ suffruticesve aculeatæ; foliis (*Mimosæ*) sæpe sensitivis; petiolo eglanduloso, sæpe inter pinnas setigero; stipulis setaceis; floribus spicatis capitulatisve; inflorescentiis axillaribus solitariis fasciculatisve. (*America, Africa trop.*) — *Vid. p.* 34.

16. **Leucæna** Benth. — Flores 5-meri (*Mimosæ*), hermaphroditi polygamive. Petala libera, valvata. Stamina 10, hypogyna. Germen stipitatum ∞-ovulatum; stigmate dilatato concavo. Legumen stipitatum late lineare plano-compressum rigide membranaceum, intus continuum, 2-valve. Semina transversa ovata compressa. — Arbores fruticesve inermes; foliis parvis majoribusve pauci v. ∞-jugis obliquis; petiolo sæpe glandulifero; stipulis minutis setaceisve; floribus in capitula globosa basi nonnunquam bracteata, v. in racemum terminalem aphyllum dispositis. (*Reg. trop. orbis totius, oc. Pacif.*) — *Vid. p.* 35.

17. **Desmanthus** W. — Flores minuti (*Mimosæ*) 5-meri, hermaphroditi polygamive, inferiores nonnunquam masculi neutrive. Calyx breviter dentatus, valvatus. Petala libera v. plus minus alte cohærentia, valvata. Stamina 5-10, libera. Germen ∞-ovulatum. Legumen lineare rectum v. rarius falcatum plano-compressum acutum membranaceo-coriaceum, intus continuum v. subseptatum, 2-valve. Semina obliqua descendentiave ovato-compressa. — Suffrutices v. herbæ perennes; ramis gracilibus angulato-striatis; foliis 2-pinnatis; foliolis minutis; stipulis setaceis persistentibus; glandula sæpius 1 petiolari inter pinnas infimi jugi; floribus in capitula minuta pauciflora ovato-globosa pedunculata axillaria solitaria dispositis. (*Reg. trop. orbis totius, America bor. et austr.*) — *Vid. p.* 35.

III. PARKIEÆ.

18. **Parkia** R. Br. — Flores 5-meri, hermaphroditi v. inferiores masculi neutrive; receptaculo longe tubuloso. Calyx gamosepalus tubulosus, apice 5-lobus; lobis inæqualibus imbricatis 2-labiis; anterioribus 2 majoribus. Petala 5, æqualia, lineari-spathulata, libera v. plus minus alte connata, valvata. Stamina 10; filamentis basi monadelphis corol-

læque adnatis v. ab ea liberis, demum invicem liberis, longe exsertis; antheris 2-locularibus introrsis 2-rimosis, glandula coronatis; polliniis e granulis ∞ conflatis in loculis singulis 2-seriatis. Gynæceum centrale liberum imo receptaculi tubo insertum; ovario longe stipitato v. rarius sessili, stylo filiformi exserto, apice minute capitato stigmatoso; ovulis ∞, 2-seriatim descendentibus. Legumen rectum arcuatumve plus minus elongatum compressum coriaceum v. subcarnosum, 2-valve. Semina transversa crassa compressa ; embryonis exalbuminosi cotyledonibus carnosis crassis; radicula supera inclusa. — Arbores inermes; foliis alternis 2-pinnatis; foliolis numerosis parvis; floribus in capitula piriformia v. depresso-globosa longe pedunculata dispositis, numerosissimis, in axilla bractearum singularum arcte imbricatarum solitariis; pedunculis, aut axillaribus solitariis pendulis, aut pluribus ad apices ramorum racemosis. (*Asia*, *Africa*, *America trop.*) — *Vid. p.* 36.

19. **Pentaclethra** Benth. — Flores 5-meri, hermaphroditi diœcive; receptaculo breviter campanulato tubulosove intus disco glanduloso 10-crenato v. 10-lobo instructo. Calyx profunde 5-dentatus, valde imbricatus. Petala inter se et cum staminibus plus minus alte connata, valvata. Stamina 10-20, perigyna, quorum 5, alternipetala fertilia; antheris introrsis 2-locularibus 2-rimosis glandula decidua superatis; 5 autem oppositipetala, v. 10-15 (2, 3 petalis singulis opposita) sterilia, subulata v. valde elongata linearia longe exserta colorata; filamentis omnibus plus minus alte monadelphis. Ovarium vix stipitatum ∞-ovulatum; stylo gracili, apice leviter dilatato concavo stigmatoso. Legumen elongatum, basi angustatum, plus minus obliquum, compressum coriaceo-lignosum, sæpe crassissimum; valvis elastice dehiscentibus revolutis. Semina lata compressa inæqualia; embryonis exalbuminosi crassi oleosi radicula inclusa. — Arbores inermes; foliis 2-pinnatis; pinnis foliolisque inæqualibus ∞; stipulis parvis caducis; stipellis setaceis; glandulis 0; floribus parvulis crebris in spicas elongatas simplices v. sæpius ramosas dispositis. (*America*, *Africa trop.*) — *Vid. p.* 38.

IV. ACACIEÆ.

20. **Acacia** T. — Flores 5-4, rarius 3, 6-meri, hermaphroditi polygamive; receptaculo plus minus, sæpius parce concavo, intus glandu-

loso, rarius apice subplano convexiusculove. Calyx dentatus lobatusve, rarius polyphyllus brevisve, subnullus v. e ciliolis minutis constans. Petala libera v. sæpius plus minus alte inter se et cum staminibus connata coalitave; præfloratione valvata. Stamina ∞, sæpius numerosissima; filamentis gracilibus exsertis, aut hypogynis, aut sæpius leviter perigynis, summo receptaculo v. sub disco insertis, aut liberis, aut vix ima basi monadelphis (*Lophanta*) polyadelphisve, rarius altius (*Albizzia*) v. altissime in tubum longe exsertum (*Zygia*) monadelphis, ad apicem liberis; antheris parvis introrsis, 2-locularibus, 2-rimosis; pollinis granulis in massas 2-4 in loculis singulis sæpius aggregatis. Germen sessile stipitatumve 2-∞-ovulatum; ovulis 2-seriatim descendentibus; micropyle extrorsum supera; stylo gracili, apice truncato v. minute capitato stigmatoso. Legumen ovatum, oblongum v. lineare, planum, convexum v. teres, rectum arcuatumve, rarius varie contortum, membranaceum, coriaceum v. lignosum, 2-valve v. indehiscens, intus continuum, farctum septatumve, rarius in articulos 1-spermos transversim secedens. Semina transversa descendentiave ovata v. suborbicularia compressa; funiculo brevi recto v. longiusculo pendulo, rarius longissimo corrugato plicatove, varie in arillum carnosum dilatato. — Arbores fruticesve, rarissime herbæ, inermes, aculeatæ spinosæve; foliis alternis 2-pinnatis; foliolis plerumque minutis ∞-jugis, rarius ad petiolum compressum foliiformem s. phyllodium reductis; glandula petiolari sæpe plus minus conspicua; stipulis, aut 0, aut forma variis, minutis, rarius latioribus membranaceis, nonnunquam spinescentibus rectis arcuatisve; floribus parvis plerumque crebris, in capitula globosa v. spicas cylindricas densas interruptasve pedunculatas dispositis; pedunculis axillaribus solitariis geminisve, rarius fasciculatis, v. ad apices ramorum racemosis. (*Australia, Africa trop., reg. calid. orbis totius.*) — *Vid. p.* 39.

21. **Inga** Plum. — Flores 5, rarius 6-meri (*Acaciæ*), hermaphroditi v. rarius polygami; staminibus basi v. plus minus alte inter se in tubum et simul sæpius cum basi corollæ connatis. Ovarium sessile ∞-ovulatum; stylo subulato, apice truncato v. capitato stigmatoso. Legumen lineare rectum v. leviter incurvum planum, 4-gonum v. teres, hinc coriaceum, inde subcarnosum vix dehiscens; suturis plerumque dilatatis, incrassatis sulcatisque. Semina, aut nuda, aut pulpa dulci involuta. — Arbores fruticesve inermes; foliis simpliciter abrupte pinnatis; foliolis sæpe magnis; petiolo inter juga sæpius alato; glandula plerumque 1 interfoliolari; stipulis minutis caducis v. rarius late lanceolatis persis-

tentibus; floribus in umbellas globosas, capitula spicasve breves, rarius elongatas laxasque dispositis; pedunculis solitariis fasciculatisve axillaribus, rarius ad apices ramorum racemosis. (*America trop. austr.*) — *Vid.* p. 44.

22. **Calliandra** BENTH. — Flores 5-6-meri, hermaphroditi polygamive (*Ingæ*); staminibus longe exsertis. Legumen lineare rectum v. rarius vix falcatum, plano-compressum; marginibus incrassatis, rarius subteres, 2-valve; valvis ab apice ad basin elastice in dehiscentia recurvis; endocarpio intus epulposo. — Arbores parvæ fruticesve; foliis 2-pinnatis; stipulis sæpius persistentibus membranaceis spinescentibusve, rarius 0; inflorescentiis umbellatis capitatisve *Ingæ*. (*America trop. et subtrop.*, *India or.*) — *Vid. p.* 45.

23. **Lysiloma** BENTH. — Flores 5-meri polygami (*Calliandræ*); staminibus ∞, rarius paucis (12-25), basi 1-adelphis. Legumen (*Acaciæ*) lineare, sæpius latum, rectum falcatumve, plano-compressum submembranaceum, intus continuum; valvis a suturis integris persistentibus maturitate secedentibus. — Arbores fruticesve inermes; foliis 2-pinnatis; floribus in capitula globosa spicasve cylindricas dispositis; pedunculis axillaribus solitariis fasciculatisve, rarius breviter racemosis. (*America trop. et subtrop.*) — *Vid. p.* 46.

24. **Pithecolobium** MART. — Flores hermaphroditi polygamive (*Ingæ* v. *Calliandræ*). Legumen planum compressumve, subrectum v. sæpius falcatum contortumve; hinc coriaceum crassum, inde subcarnosum, aut 2-valve, aut rarius indehiscens v. in articulos monospermos secedens; valvis demum plerumque tortis (nec elastice revolutis). Semina pulpa tenui nidulantia. — Arbores fruticesve inermes v. spinescentes; foliis 2-pinnatis et inflorescentiis *Calliandræ*. (*America*, *Asia*, *Africa*, *Australia trop.*) — *Vid. p.* 46.

25. **Enterolobium** MART. — Flores *Pithecolobii*. Legumen late circinatum v. incurvo-reniforme compressum crassum durum, inter semina crassa septatum, indehiscens. — Arbores inermes; foliis 2-pinnatis (*Pithecolobii*); capitulis globosis pedunculatis, axillaribus solitariis fasciculatisve, rarius in racemum brevem dispositis. (*America trop.*) — *Vid. p.* 48.

26. **Serianthes** BENTH. — Flores 5-meri (in ordine magni), herma-

phroditi vel rarius polygami (*Ingæ*). Calyx crassus ample campanulatus 5-lobus, valvatus. Petala basi tubo stamineo adnata, valvata. Stamina ∞ (numerosissima), 1-adelpha. Germen sessile ∞-ovulatum ; stylo tenui, apice vix dilatato stigmatoso. Legumen oblongo-ovatum, rectum falcatumve, plano-compressum v. undulatum lignosum indehiscens, inter semina transversa compressaque septatum. — Arbores inermes ; foliis amplis 2-pinnatis; pinnis foliolisque inæquilateris ∞-jugis; glandulis petiolaribus jugalibusque prominulis ; stipulis minutis obsoletisve ; floribus ad apices ramorum in racemos subcorymbosos dispositis. (*Asia trop.*, *ins. ocean. Pacif.*) — *Vid. p.* 49.

27. **Affonsea** A. S. H. — Flores hermaphroditi polygamive (*Serianthei*). Carpella 2-6, libera ; ovariis ∞-ovulatis. Legumen (junius) lineare crassum rectum ; seminum funiculo in arillum carnosum dilatato. — Arbores ; foliis (*Ingæ*) abrupte pinnatis ; stipulis persistentibus haud spinescentibus ; floribus in spicas laxas v. subracemosas terminales et axillares dispositis. (*Brasilia.*) — *Vid. p.* 49.

28. **Archidendron** F. Muell. — Flores *Affonseæ ;* calyce integro recte truncato ; carpellis 5-15, ∞-ovulatis. Legumen indurato-coriaceum, arcuatum v. varie tortum epulposum, tarde dehiscens. Semina transversa exalbuminosa ; funiculo brevi. — Arbor ; foliis 2-pinnatis ; pinnis 1 v. paucijugis ; floribus ad axillas umbellato-capitatis. (*Australia orient. subtrop.*) — *Vid. p.* 49.

www.ingramcontent.com/pod-product-compliance
Ingram Content Group UK Ltd.
Pitfield, Milton Keynes, MK11 3LW, UK
UKHW022132190726
13855UKWH00003B/1109

9 782013 248471